異種移植

医療は種の境界を超えられるか

山内一也

みすず書房

異種移植　目次

国名、施設名、個人の所属等の名称は、原則として記述当時のものを用い、必要に応じて現在の名称を併記した。

1

プロローグ　ベビー・フェイの二〇日間

ヒヒの心臓を移植されたベビー・フェイ

米国カリフォルニア州にあるロマリンダ大学医療センター。ここはロサンゼルスの東約一〇〇キロに位置し、ミッション系の教育機関に付属するいわゆる大学病院である。同大学の母体はプロテスタント系のセブンスデー・アドベンチスト派で、キリスト再臨を説くアドベンチスト派（再臨派）に属する一会派だが、一八六三年に米国で組織されて以来、この宗派のなかでは最大規模の団体である。

一九八四年一〇月二六日、その医療センターで行われた一件の心臓移植手術が、世界中の注目を集めることになった。移植を受けたのは生後一三日目、体重二・二キログラムの女の子である。この手術が注目を集めたのは、患者が生まれてまもない新生児だったからではない。移植された心臓が人のものではなく、ヒヒの心臓だったからだった。

女の子の実名は両親の希望で伏せられ、「ベビー・フェイ」という仮名でマスコミに紹介された。ベビー・フェイが生まれたのはロマリンダ近くのバーストウ市民病院で、予定日より三週間早い出産だった。誕生時から心臓に異常があり、「左心室形成不全症候群」と診断された。心臓の左心室が半分しか形作られていないため、血液を体内に十分送り出すことができない。

こうした障害をもった患者は、当時一万二〇〇〇人に一人くらいと言われていた。米国ではベビー・フェイのような赤ちゃんが年に三〇〇人くらい生まれ、ほとんどは生後二週間以内に死亡していた。患者の大半は心臓のほかには異常がない。そのため、心臓移植をすれば助かる可能性があると考えられた。

ロマリンダ大学医療センターにベビー・フェイが送られてきたのは生後六日目で、ほとんど死亡に近い状態であったという。小児心臓外科主任のレナード・ベイリー（当時四二歳）は、乳児の家族に対してヒヒの心臓移植を提案した。同センターのスポークスパーソンの説明によれば、人間の臓器を確保すること、つまり自動車事故で死亡した乳児や、水難事故で溺死した乳児が現れるのを待つことは、とてもではないが不可能だった。そこで人に近いヒヒの臓器が選ばれたのだという。

この選択の背景には、以下のような経緯があった。ベイリーは一九七〇年代の終わりに、生まれつき心臓の右心室の弁がない乳児のために、乳児用の人工心臓弁を開発していた。その一方で一九七八年から、乳児の心臓移植の技術開発を目的に、生後一週間以内の山羊にさまざまな免疫抑制剤を用いて実験を行っていた。ドナーの動物には生まれたばかりの別品種の山羊をあえて用いて、全部で一四〇頭以上の山羊に移植を行った。

一九八一年に、新しい免疫抑制剤であるシクロスポリンが登場すると、山羊の生存期間は二二カ月を超えるまでになった。さらにベイリーは、山羊同士の臓器移植に続いて、異種動物間での移植を試みた。生まれたばかりの山羊一四頭に同じ年齢の子羊の心臓を移植し、シクロスポリンでの免疫抑制によって平均七二日、最長一六五日生存するという結果を得ていた。

羊と山羊という近縁種同士の組み合わせは、人にあてはめるなら、人と類人猿であるチンパンジー、オランウータン、ゴリラを組み合わせるということにあたる。しかし、これらの動物はいずれも絶滅に瀕している種であることから、これらに次いで人に近いヒヒが選ばれた。

サルの心臓を人に移植する手術は、実はそれまでに世界で四回行われていた。一九六四年、ミシシッピ大学のジェームズ・ハーディがチンパンジーの心臓を移植したのが最初である。続いて一九六九年、フランスのマリオンが同じくチンパンジーからの心臓移植を、次いで一九七七年、心臓移植のパイオニアである南アフリカのクリスチャン・バーナードが最初はヒヒの心臓を、次にチンパンジーの心臓を移植していた。これらの手術はいずれも大人を対象としており、もっとも長い生存期間はバーナードによるチンパンジーの心臓移植の三日半である。ほかはすべて一日以内に死亡していた。

乳児は、大人と違って免疫機能がまだ十分に発達していない。そのため拒絶反応が起きにくいと期待されていた。また、強力な免疫抑制剤であるシクロスポリンが生まれたばかりの羊と山羊の間の心臓移植で効果的であることが確認されていた。こうした背景を踏まえて、ベビー・フェイの手術は行われたのである。

ドナーのヒヒは、ロマリンダ大学で飼育されていた六頭のなかの一頭で、いろいろな検査を経て約六カ月齢の個体が選ばれた。手術は一〇月二六日午前九時に始まり、患者の体温は三七度から二〇度に下げられた。身体機能を低下させ、手術を容易にするためである。手術には十数名の医師団が立ち会った。

二時間半かかって、ベビー・フェイの心臓は胡桃ほどの大きさのヒヒの心臓に置き換えられ、胸が縫合された。一一時三五分、移植されたヒヒの心臓は人工的な刺激なしで拍動を始めた。医師たちは感動し、涙ぐみ、抱き合った。医師の一人は、その時の状況をこう表現している。

「陰鬱で幸福感はなかった。しかし、乾いた目をしていた者は誰もいなかった。助からない障害者が文字通り一変したのを見て、為し遂げたことの大きさに誰もが圧倒されていた」

こうして五時間にわたる手術を経て、午後二時、ベビー・フェイは集中治療室に移された。

当日の夕刊でこの手術を報道したのは、地元紙「デザート・ディスパッチ」のみであった。同紙によれば、記者会見の時点ではまだ手術が終わっておらず、成否は不明と書かれている。「もしこの病院に来なかったら、私たちの娘は生きてはいなかっただろう」と語った母親のコメントが紹介されている。

異種移植が巻き起こした議論と波紋

手術終了の二時間後から、ロマリンダ大学にはこの歴史的な手術に対する問い合わせの電話が殺到し始めた。大学の広報課が応対した電話の数は、最初の数日間で一五〇〇本に達した。全米の主なテレビ・ネットワークは、大学との間に衛星中継局をセットした。取材に訪れた世界各国の新聞社は最初の一週間で約二七五社にのぼり、大学側がファイルしたこの手術に関する記事の切り抜きは八〇〇〇件に及んだ。

これらの記事を見ると、最初の二日間ほどは、ほとんどの見出しで「ヒヒの心臓」と「幼児」がキーワードになっている。三日目になると、「良好な経過」「容体安定」といった語句が大半を占めている。また、この手術の是非、倫理面での問題が取り上げられ始めている。「ベビー・フェイは患者か、単なるモルモットか?」といった見出しもあれば、「動物の臓器の利用は膨大な可能性をもつ」というものもあった。英国の新聞「デイリー・エクスプレス」は、「ヒヒの心臓移植、背後に大きな疑問――人の生命をサルに求める権利はあるのか」と問いかけている。

ベイリーは、「われわれは無駄に動物を犠牲にしているのではない。われわれは選択を迫られたのだ」と反論した。「生まれながらに心臓が半分しか形作られていない赤ん坊を、ほかはまったく健康なのにそのままにして死なせるのか。それとも、われわれ人間よりはいくらか劣った生きものを犠牲にして死を阻止するのか」と語った(傍点著者)。このように、新たな医療の可能性が示された直後から、動物福祉に関する論点が出現していた。

手術後四日が経過し、これまでの最長生存記録である三日半を上回った。この時点でビデオ・テープと写真(**図1**)が公開され、ベビー・フェイは危篤状態を脱して、危険な状態ながらも安定して回復していることが発表された。また、自分で哺乳瓶から水を飲むこともできるようになり、人工呼吸

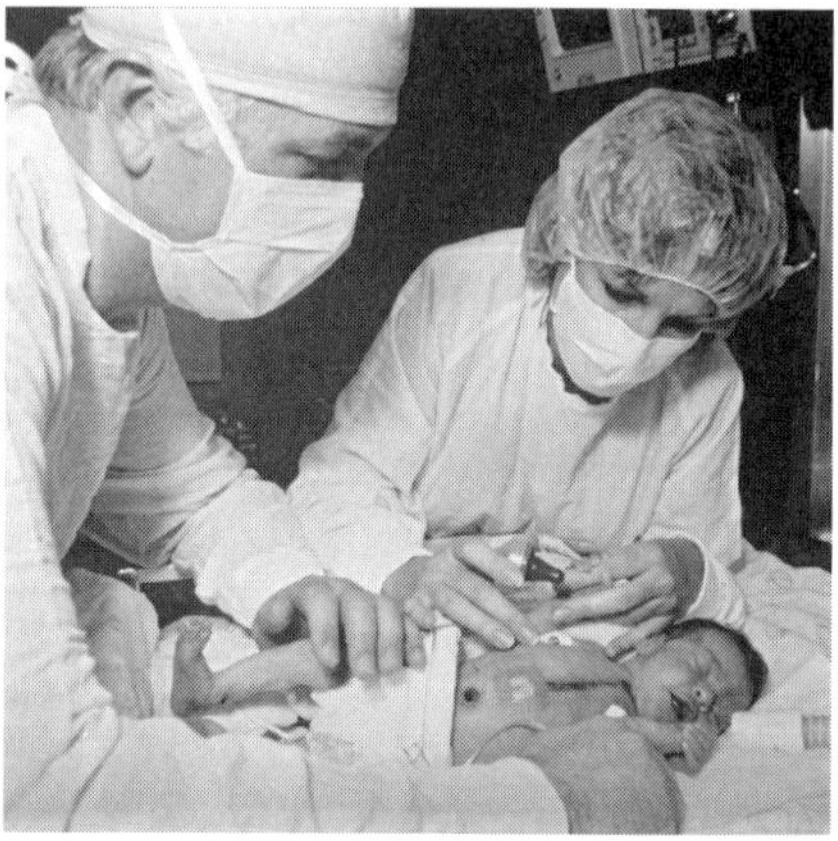

図 1　ヒヒからの心臓移植を受けたベビー・フェイ　レナード・ベイリーとサンドラ・ニールセン・カナレラ両医師の指を握っている（写真提供：Loma Linda University Health）

器もはずされたこと、翌五日目には母親に抱かれて人工乳を飲んだことも発表された。

ロマリンダ大学では、この手術の実施に際して倫理面での検討も行っている。倫理審査を経て手術を承認した同大キリスト教生命倫理センターの所長は、医師であると同時に哲学教授も兼任している人物であり、予測される社会的反応について、当時こう語っている。

「手術を承認した際、さまざまな立場からの反論が予想されることは疑わなかった。そのなかには、理性的というより明らかに感情的なものもあるだろう。人によっては、心臓は特別な意味をもつ。人間の幼児の心臓を動物の心臓に置き換えることにためらいを感じるだろう。また、ある人々は、動物の命を故意に犠牲にすることに抗議するだろう」

そして、倫理面について大学の立場を説明する文書を手術実施の前に用意したと述べている。

社会の反応はその予測通りだった。医学史を書き換える画期的な手術だという称賛の声が多く寄せられる一方で、批判や疑問の声も少なくなかった。はたして拒絶反応に耐えられるのかという医学的な疑問。乳児でのこのような手術に「人生の質《クオリティー・オブ・ライフ》」が期待できるのかという道徳的な疑問。サルによる動物実験を行うことなしに手術を実施したことに対する倫理的な問題。さらに、たまたま手術が行われた同じ日に、カリフォルニア大学ロサンゼルス校では二歳の子供の心臓の提供があり、ベイリーたちはドナー獲得の努力を行わなかった、といった批判も現れた。また、動物福祉グループからはヒヒを利用したことに対する非難の声もあがり、病院前で一五名がデモを行った。

大人たちのこうした反応とは別に、全米の小学生からはたくさんのはげましのカードが送られてきた。

ベビー・フェイの経過は、手術後二週間余りは順調だった。しかし、二一日目になって急に容体が悪化し、午後九時に死亡した。解剖の結果、ヒヒの心臓は正常であったことが確認された。ベビー・フェイの血液型はO型でヒヒはAB型と異なっていたが、これが死亡に関わったという所見は見られなかった。死亡の原因は腎臓機能の低下によるもので、これは免疫抑制剤の副作用と推定された。

新聞は「小さなフェイの勇敢な戦いは終わった」といった見出しで大きく報じた。また、一九六七年に世界初の心臓移植を受けた患者ルイス・ワシュカンスキー——こちらは人の心臓の移植で、執刀したのは南アフリカのクリスチャン・バーナード医師である——の葬儀の写真を載せて、「過去の失敗が現在の心臓移植の成功につながっている」と述べたものもあった。

ベイリーは次のように語った。

「ベビー・フェイの人生は一カ月たらずの短さではあったが、十分に人間的なものだった。手術の決定は、彼女を愛した両親とわれわれ医師団とによる合意だったが、勇気ある選択だった。人間という存在にわれわれを直面させ、再検討させることにもなった。ベビー・フェイが果たした役割は、今後同じように致命的な心臓の病気を持って生まれてくる子供も含めて、すべての人々に新しい展望を開いたものと信じている。ベビー・フェイとその両親は、生命の質の向上をめざす領域における真のパイオニアである」

二日後の一一月一七日、大学内の教会で行われた葬儀には二〇〇〇人以上の弔問者が訪れ、会場を埋めつくした。

ヒヒの心臓を移植したベビー・フェイの手術は失敗に終わった。だが結果として、異種移植に全世界が注目することになり、異種移植のもつ多くの期待や問題について、専門家だけでなく一般社会の人々も含め、多大な議論を巻き起こした。また、臓器移植の領域に大きな刺激を与え、その後の本格的な異種移植研究のきっかけともなったのである。

ただし、当時かわされた膨大な議論のなかに、ヒヒからのウイルス感染の危険性に関するものはまったく見あたらない。異種移植に伴う動物からのウイルス感染のリスクが、この時点では問題視されていなかった点にも注目しておきたい。

ベビー・フェイの手術から約四〇年。現在、ヒヒではなく豚をドナーとする異種移植技術の開発が急速に進展している。科学的基盤が固まり始め、二一世紀の新しい医療技術として現実味が増しつつある。それとともに、ドナー動物からの感染のリスクも含め、さまざまな議論が活発化してきている。新たな医療技術への大きな期待とともに、安全な異種移植をいかに実現させるかという前向きな検討が国際的に広く行われている。

本書は、一九九九年に河出書房新社から刊行した『異種移植』を下敷きにして、この二〇年あまりの進展を大幅に加筆した改訂版である。旧版では、異種移植技術がさまざまな問題に直面していることにふれて終わっていた。しかしこの二〇年で、一部の問題には解決の目処が立ちつつある。

異種移植という新しい先端的医療技術を受け入れるかどうかを最終的に決めるのは社会である。本書が異種移植について、その科学的基盤を中心に、生命倫理や動物福祉といった周辺の問題も含めて、一般の人々への情報提供に役立てば幸いである。

第1章　同種移植の歴史

臓器移植は、おそらく多くの人々に、現代医療における確固とした医療技術と受け止められているのではないだろうか。実は、臓器移植が医療技術として確立されたのは二〇世紀後半のことで、医学の歴史においてはごく最近のことである。その背景には、二〇世紀の免疫学の進展が大きく関わっている。

だが、移植という行為そのものは古くから存在していた。また、時代によって、方法や内容もさまざまな変遷をたどってきている。移植について理解するために、まずその歴史を大まかに眺めておこう。

神話の時代から存在していた移植

もっとも古い移植は神話の時代にまでさかのぼる。ギリシャ神話に登場するキマイラは、移植のシンボルともいうべき存在である。頭がライオン、胴体が山羊、尾がヘビの怪獣で、口からは火を吐く。神の創造物だが、典型的な異種同体の生きものである。勇士ベレロフォンは王の命令により、翼の生えた馬ペガサスに乗ってこのキマイラを退治したと伝えられている。

シャーウィン・B・ヌーランドの著書『医学をきずいた人びと』によれば、キマイラの神話から、移植を支持する意味と否定する意味の言葉が生まれたという。いわく、キマイラに由来する〝chimera（キメラ）〟という英語には二つの意味があり、そのひとつはライオン、山羊、ヘビといった〝異なる動物種の身体の部分を組み合わせた生き物〟という意味。もうひとつは〝現実的でない想像上のもの〟という意味である。移植の実現によって、第一の意味に当てはまる生物が存在しうることが立証され、第二の意味が真実ではないことも明らかになり、キメラは〝chimerical〟ではないことが証明された、というのが彼の見解である。

一方、幻の動物としてのキメラの話は世界各地にある。たとえば、メソポタミアにはラマッスという異種同体の精霊の伝承が残されている。頭部は優美な顔をした人間で冠をいただき、胴体の一部が獅子、ほかは雄牛、そして精神的な高揚を示すものとして羽が生えている。これは右記の怪獣キマイラとは異なり、神と人間の仲介者として働く天使のような存在である。人間の守護神であり、人を正しい方向に導き、襲ってくる悪魔や災厄から守ったとされている。アッシリアの神殿の入口には、ラマッスの像が置かれている（図2）。

さらに、古代エジプトのシンボルでもあるスフィンクスも異種同体である。ファラオの権力と威信

図 2　メソポタミアに伝わる異種同体の精霊ラマッス（D.K.C. Cooper, E. Kemp, J.L. Platt & D.J.G. White (eds): *Xenotransplantation,* Second Edition, Springer より）

を示す荘厳で威圧的な姿は、人間の顔にライオンの身体からなり、これもまたキメラである。

日本ではヌエという怪物の話が伝えられている。平家物語によれば、これは頭がサル、胴がタヌキ、尾がヘビ、手足がトラの姿で、平安の時代、毎晩明け方に天皇の御殿を襲っていたが、源頼政に弓で退治されたという。

このように神話や伝説においては、はるか昔から異なる動物種が一体をなした姿がいくつも伝えられている。移植について考えるうえで興味深い。

次に、医療としての移植行為は、宗教上の伝説にも早くから見受けられる。

三世紀の終わりごろ、小アジア地方に聖コスマスと聖ダミアヌスという双子の聖人が住んでいた。彼らは無償で人や家畜の病気を癒したと言われ、そこから伝統的に医者の守護聖人ともされている。逸話によると、ふたりは壊疽《えそ》になった白人の脚を手術で切断し、死亡したムーア人の黒い脚を移植して成功したと伝えられている。この聖人伝説をモチーフとして、一六世紀はじめに描かれた絵がフィレンツェの美術館に保存されている。そこではふたりの聖人が白人の白い脚に黒い脚をつなげようとしている（図3）。

聖コスマスと聖ダミアヌスはすぐれた治癒力でいくつもの手術をしたとされており、「床屋外科医」のはしりともみなされている。今日でいう外科の治療にあたる行為は、中世までは身分の低い人に任される傾向があり、床屋や僧侶などが行っていた。一二世紀の後半、キリスト教宗教会議は「教会は血を忌む」との宣言を発表し、以来、僧侶は手術をしなくなった。一方、床屋は顔を剃《そ》る時に傷をつけることも多く傷の治療を得意としたことから、しだいに外傷患者を扱うようになり、床屋外科医と呼ばれるようになったのである。

この聖人伝説による手術は、今で言えば「同種移植」、すなわちほかの人間の体の一部を別の人間に接合する手術である。これに対して、自分の体の一部をほかの部位に移動、移植する場合は「自家移植」という。特に皮膚の自家移植は、歴史的に古くから行われていたことが明らかになっている。たとえば、形成外科での皮膚移植に有茎植皮術と呼ばれるものがある。「茎」とは体の一部と連結する基部のことで、普通は血管を含む皮下組織と皮膚からなる。有茎植皮術は、体の一部の皮膚を、血行を保ったまま血管を含めてほかの部位に移動し、植皮する手術である。この手術は紀元前六〇〇年ごろにすでにインドで行われており、ヨーロッパでは古代から中断されることなく続いていた。

一五九七年、イタリアのボローニャ大学で解剖と内科の教授であったガスパーレ・タリアコッツィは、著書『移植による身体の欠陥の外科手術書』を出版し、このなかで彼の造鼻術の詳細を述べてい

図 3　病気治療で脚の移植を行ったと伝えられる聖コスマスと聖ダミアヌス

る。**図4**のように、上腕を曲げて皮膚を切開し、その皮膚を鼻の部分に付けておく。腕は副木で一二日間固定する。腕の皮膚が鼻に生着した段階で移植片を腕から切り離し、一連の修正を加えると新しい鼻が形づくられるという手法である。当時は刑罰として鼻の切断が一般的に行われていたため、こうした手術は歓迎されていたという。

一九世紀になるとイタリア式造鼻術とインド式造鼻術が世界に広まり、さらに方法が改善されて現在のような形成術へと至っている。

また、治療行為としての皮膚の移植も行われた。一八六九年、フランス・パリの医師フェリックス・ジャン・カシミール・グイヨンは、皮膚の小片を大きな傷にあてておくと、しだいに治癒していくことを見出した。同じ年、スイス・ジュネーヴのジャック・レバーディンは、皮膚を細かく切って傷の上にまき散らすことで、傷の回復を促進させる方法を考案した。皮膚の自家移植の始まりである。

当時の有名なエピソードに、英国の首相ウィンストン・チャーチルが皮膚のドナーになった話がある。真偽については異論があるものの、彼の自伝『わが半生』によれば、一八九八年、英国とスーダンの戦争の際に、負傷した戦友に一シリング銀貨ほどの大きさの皮膚を提供したとある。

皮膚の自家移植は、第一次世界大戦によって著しく進展した。形成外科の創設者のひとりとも言われる英国のハロルド・ギリスは、一九一六年に顔の損傷患者約二〇〇〇例を治療し、皮膚の移植術を行った。さらに一九四〇年には、第二次世界大戦中に飛行機燃料の引火で顔や手に大怪我を負った英国空軍の兵士約四〇〇〇人のうち、顔に大きな負傷を受けた兵士に皮膚の移植手術が行われた。

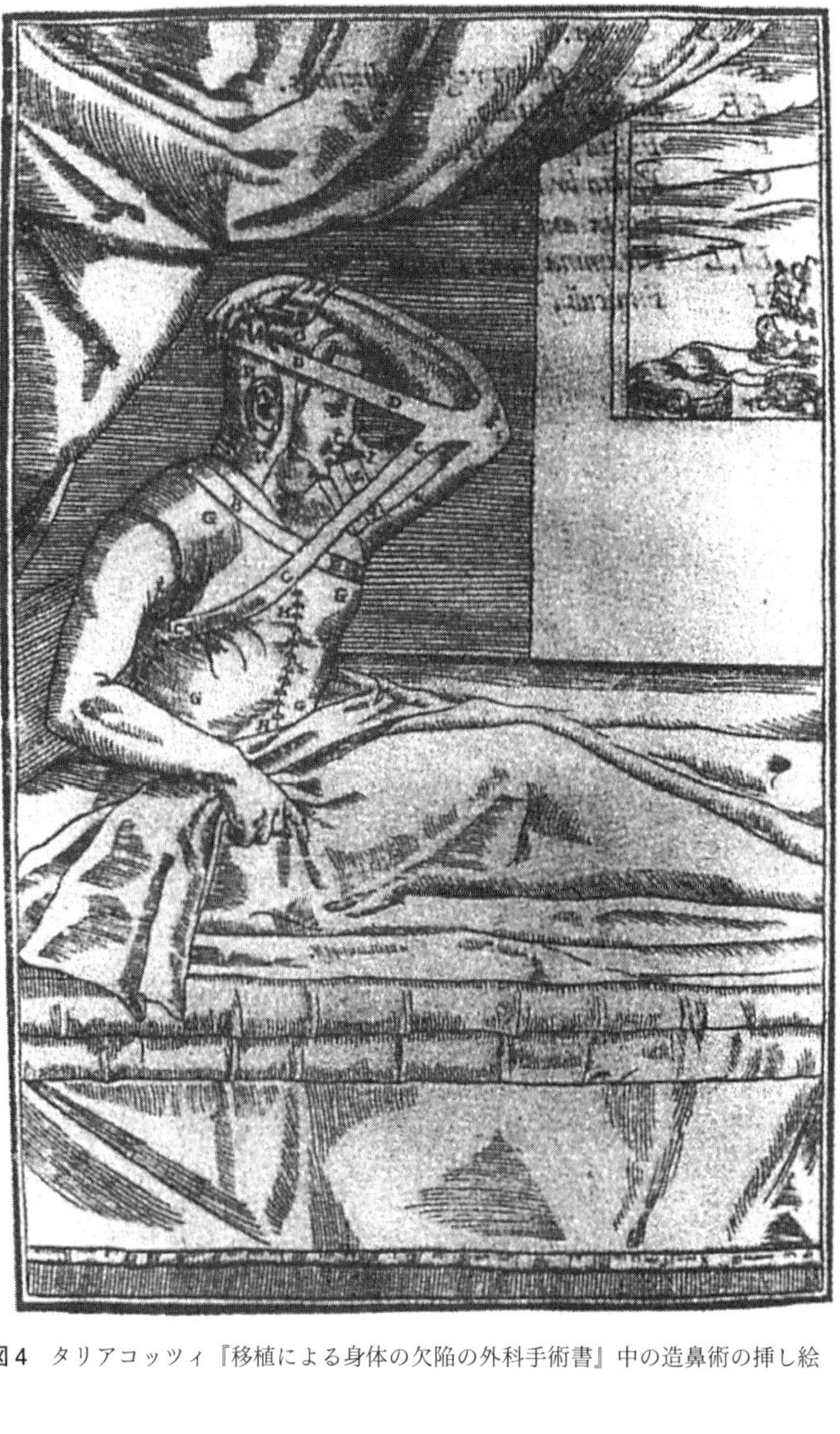

図 4　タリアコッツィ『移植による身体の欠陥の外科手術書』中の造鼻術の挿し絵

同種移植の領域における近代医療としての最初の手術は角膜の移植である。一八七八年、ドイツ・ベルリンの眼科医セレルベックのもとに、失明同然となった二一歳の青年患者が訪れた。診察の結果、ひどい結膜炎のために炎症が角膜まで達しており、治療不能と判断された。その直後、今度は目の網膜に腫瘍ができた二歳の子供が運びこまれ、眼球の摘出手術が行われた。青年はその角膜の移植を受けた。最初は印刷物が読めるところまで視力が回復したが、四カ月後には完全に角膜が不透明になり、この移植手術は失敗に終わった。

その後、同じくドイツの眼科医エドゥアルト・ツィルムが四四歳の男性患者に角膜移植を行い、成功している。提供された角膜は一歳の子供のもので、鉄の破片が入ったために眼球の摘出手術を受けた際のものであった。

こうして移植の歴史を大まかにたどってみると、移植という行為は古くから脈々と存在していたことがわかる。だが、現在のように臓器移植が医療技術として成立するまでには、越えなければならない高いハードルがいくつもあった。そのなかには、そもそも何がハードルなのかを認識することも含まれていた。

臓器移植への扉を開く

今日の臓器移植への第一歩となったのは、一九〇二年、ウィーンの開業外科医エメリッヒ・ウルマンが行ったイヌの血管の縫合実験である。ウルマンは一匹のイヌから腎臓を摘出し、その血管を同じイヌの頸部の血管につなぎ、皮膚のなかに尿管を縫い込んだ。その結果、尿の分泌が始まったことを確認した。つまり、縫合された血管でふたたび血流が生じることを示したのである。

腎臓の血管をなぜ頸部につないだのか、疑問に思われるかもしれない。ウルマンによれば、はじめは腎臓付近の位置に血管をつなげようと試みたのだという。しかし、イヌが傷口を引っかいたためか、あるいは傷口をなめたことによる感染のためか、実験は失敗してしまった。そこで、イヌがなめにくい頸部に血管を移植することにしたのだという。ウルマンの実験結果は、その年「ウィーン臨床医学週報」に短い報告として発表されている。

私の医科学研究所時代の同僚の秋山暢夫教授（移植外科医）の話では、イヌの動脈の直径は色鉛筆の芯ほどの太さで、静脈のほうは色鉛筆の軸くらいの太さだという。そのため、胃や腸を縫い合わせるのに用いるような太い針と太い糸では、こうした細い血管を縫い合わせることはとてもできない。腎臓の細い動脈と頸部の動脈、また腎臓の細い静脈と頸部の静脈をつないだウルマンの手術は、当時は画期的なものだったそうである。さらに右の報告のなかでウルマンは、この成果によって別のイヌへの腎臓移植も可能であろうと述べている。

この実験が近代医学における最初の臓器移植である。ここまでに紹介した有茎植皮術などとの大きな違いは、まるごとの臓器を血管の縫合を経て移植することで、患者にその臓器の機能を追加した点にある。前述の皮膚移植の場合は、移植部分の血管が自然に周囲の皮膚に結びつくことで実現していた。また、皮膚が一部だけ欠けている（言い換えればほぼ全身に皮膚があり、機能している）患者に皮膚を追加で移植することと、臓器をまるごと移植しその機能を新たに持たせることは大きく異なる。ウルマンが行ったのは自家移植であるが、血管の縫合によって移植された臓器が機能することを、初めて証明したと言える。

一方、ウルマンの論文が発表されたのと同じ一九〇二年、血管の縫合についての論文を発表した人物がもうひとりいた。フランスのアレクシス・カレルである。彼はのちに、血管の縫合技術を実際の外科手術に利用しうるレベルまで完成させた功績で名高い。

青年期のカレルについて、こんなエピソードがある。一八九四年、フランスの大統領カルノーが無政府主義者に刺殺された。死因は腹部の大きな血管が切断されたためであった。その時「皮膚、腸、筋肉、腱は縫える。血管も縫えないはずがない。血管が縫えれば大統領の命は救えるのに」と主張した若いインターンがいた。これがカレルである。非常に指先が器用で、インターンの時には絹織物で栄えた都市リヨンで専門家から刺繍を習ったこともあったという。

一九〇一年、カレルはリヨン大学で本格的に実験血管外科の研究を始めた。血管の縫合に関する最初の論文を発表したのもこのころである。しかし、彼はリヨンで外科医としての地位が得られなかったため、フランスの医学界に失望して米国のシカゴへと渡った。その後、一九〇六年からニューヨークのロックフェラー医学研究所の実験外科研究施設で研究を続け、一九一〇年までに現在の血管外科の技術を動物実験のレベルですべて開発した。

カレルはこの外科的技術を応用して、イヌやネコの腎臓、心臓、脾臓を移植する実験を試みた。しかし、血管の縫合手術が成功しても、移植された動物はいずれも死亡してしまった。こうした実験の過程で、彼はある重要な事実に気づいた。自家移植、同種移植、異種移植はそれぞれ臓器の生着の状態が異なり、自家移植では拒絶反応が起こらないが、同種移植では拒絶され、異種動物間ではさらに急速に拒絶される。臓器移植での拒絶反応がここではっきりと認識されるようになったのである。一九一二年、血管の縫合技術と血管および臓器移植の研究が評価され、カレルはノーベル生理学・医学賞を与えられた。

しかしその後、拒絶反応の生物学的問題が解決されるまで移植医療の実現は不可能であるという指摘を残して、カレルは移植の研究から試験管内での組織培養の研究に身を転じた。カレルの血管縫合の成功の理由のひとつに、きわめて厳重な細菌感染対策があったが、これは組織培養においてもっとも重要な条件であり、このことがまた、組織培養の分野でも彼が先駆者となる基盤になった。カレルが考案した培養液と組織培養びんは、カレルの培養液およびカレル・フラスコと呼ばれ、組織培養技術の進展に大きく貢献した。

ところで、日本での最初の腎臓移植が、ウルマンの発表から八年後の一九一〇年（明治四三年）という早い時期に報告されている点にもふれておきたい。これは太田和夫東京女子医科大学教授がエッセイのなかで紹介しており、それによると日本初の移植を手がけた医師は山内半作という人である。かつて第一一回外科学会で発表され、「日本外科学会雑誌」第一一巻に掲載された山内の「臓器移植」と題した論文のなかに、「余は犬及び猫に於て七回腎臓を移植せり……」と書かれているのを太田教授が見つけ、興味を抱いて調べられたとのことだった。

山内半作は一八七九年（明治一二年）に徳島市に生まれ、京都帝国大学医科大学で外科学を専攻、岡山医専教授を経て一九一四年に日本赤十字社秋田支部病院に赴任し、病院長をつとめたという。太田教授は、山内半作の息子で同じく外科医の山内達雄に会い、日本で最初の臓器移植の事実について尋ねられた。「父から日本で初めての移植実験をしたという話は聞いていないが、日本で血管を縫ったのは私が初めてだと、かねがね言っていた」との返事であったという。

メダワーとバーネットの貢献

カレルの血管縫合の業績に続いて、英国オックスフォード大学で動物学を研究していたピーター・メダワーが移植の世界にルネサンスをもたらした。彼の研究のきっかけは、第二次世界大戦の都市爆撃で軍人、市民の両方に多数の火傷の患者が出たことだった。損傷の程度や範囲によっては、皮膚の自家移植を行ったり、新たに登場した抗生物質を用いたりすることで助かる場合もあった。だが、広範囲に及ぶ重度の全身火傷の場合は、自分の皮膚を移植するわけにはいかない。かといって、他人の皮膚を移植しても拒絶されることは明らかであった。

メダワーは英国医学協議会の戦傷委員会の援助を受けて、一九四〇年代から皮膚の拒絶反応のメカニズムの研究に取り組んだ。ウサギに別のウサギの皮膚を移植すると拒絶される。ふたたび同じウサギの皮膚を移植すると、今度は最初の移植の時よりもさらに短期間で拒絶が起こる。彼はこの結果から、拒絶は積極的な免疫反応によって起きていると結論づけた。

すなわち、移植を受けた患者の免疫は移植臓器を外からの侵入者とみなし、病原体に対する宿主のように戦いを挑むということをメダワーは明らかにしたのである。そして、この免疫反応の克服が、移植を成功させる鍵であるとの考え方を示した。

一九五一年には、移植での拒絶反応を抑える手段として、メダワーは副腎皮質ホルモンまたはその合成薬である新薬コーチゾンの免疫抑制作用を利用するというアイデアを得た。それまで、副腎皮質ホルモン剤などの免疫抑制の働きは、生体にとって有害であるとみなされていた。メダワーはそれを逆手にとって、これを長所として利用しようと考えたのである。

メダワーの皮膚移植の研究は、さらに「免疫寛容」という免疫学の重要な概念を確立することにもつながった。

きっかけは米国ウィスコンシン大学のレイ・オウエンが、牛の二卵性双生児で見つけた現象であった。雄と雌の二卵性双生児の場合、母牛の胎内で両方の血管がつながっているため、子牛の双生児はお互いの血液細胞が混ざった状態で生まれてくる。いうなれば、これは血液のキメラである。

余談だが、こうした双生児の牛はフリーマーチンと呼ばれていて、畜産では大きな問題であった。乳牛では雌のほうが雄よりも経済価値が高いが、二卵性双生児の場合、雄の胎児の分泌するホルモンに影響されて、雌が雄のようになって生まれ、不妊になってしまう。いわゆる性転換が胎児の時期に起きてしまうからである。

このフリーマーチンの現象をもとに、オーストラリアのウォルター・アンド・エリザ・ホール医学研究所のマクファーレン・バーネットは免疫学上の考察を推し進めた。彼は、免疫学の理解の鍵は細胞レベルで自己を認識しうること（自己と認識されないものを異物として扱えること）であり、その自己を認識する能力の大部分は胎児の時期に獲得されると考えたのである。バーネットは『抗体の産生』という自著のなかで、「もし胎児の時期に遺伝的に異なる人からの細胞を移植したならば、生後、その個人はこの非自己細胞の抗原に対して、抗体を産生しなくなる」と予言した。ここで、免疫寛容という概念が免疫学に登場したのである。

メダワーはこの本に刺激され、のちにバーネットの予言を実験的に証明した。成功の秘訣は、抗体の存在そのものを調べる代わりに皮膚移植を用いたことだった。妊娠しているAという系統のマウスの胎児に、別の系統Bのマウスの脾臓細胞を注射する。すると、その後生まれてきたA系統のマウスでは、本来ならば拒絶されるはずのB系統のマウスの皮膚を移植しても、拒絶されることなく生着した。すなわち胎児期に接種されたB系統のマウスの脾臓細胞により、B系統に対する免疫寛容がA系統のマウスに成立していたのである。

これらの研究業績が評価され、メダワーはバーネットとともに一九六〇年にノーベル生理学・医学賞を受賞した。こうして、免疫による拒絶反応が臓器移植の大きな障害であることが確認された。しかしもちろん、メダワーの方法で免疫を回避し移植を実現するのはまったく現実的ではない。別の方法を探索する必要があった。

免疫抑制剤の研究と開発

人の腎臓移植は、米国では一九五一年から試みられていたが、非常に死亡率が高かった。すでに動物実験では、遺伝形質がまったく同じ近交系マウスの間では拒絶反応が起こらないことがわかっていた。だがそれを人にあてはめると、一卵性双生児の間でなければ同じ遺伝形質の組み合わせにはならないということを意味する。したがって、この条件でなら拒絶反応は起こらないと予想されていたものの、それを実際に確かめうる機会はきわめてまれだった。

一九五四年一二月、そのまれな機会が訪れた。ボストンのピーター・ベント・ブリガム病院で、一卵性双生児の組み合わせによる初の腎臓移植が行われたのだ。手術を手がけたのはデイヴィッド・ヒュームとジョセフ・マレーである。患者は二四歳の男性で、腎臓が二つとも機能しなくなり、瀕死の状態であった。そして、彼は一卵性双生児であり、その双子の兄弟から腎臓が一つ提供されたのである。この手術は完全に成功した。

ジョセフ・マレーは一九九〇年にノーベル生理学・医学賞を受賞したが、その理由として、この手術をきっかけとしたその後の移植医療への貢献が挙げられている。

マレーらが行った手術は、免疫反応を回避する手段を見つければ、移植された腎臓が正常に機能することを人で初めて証明したと言える。これがきっかけとなって、外科医と免疫学研究者の協力で免疫抑制の手段が追究され、検討されていった。

最初に試みられたのは、全身をX線で照射するという方法である。動物実験ではX線照射をすれば免疫が抑制できるということが明らかにされていた。しかし、これを人で行うのはあまりに危険である。実際、一九五八年から六二年までにピーター・ベント・ブリガム病院で腎臓移植とX線の全身照射を受けた患者一二名のうち、生存できたのは二卵性双生児の間で移植が行われた患者一名だけであった。

もうひとりの成功例は、フランスのジャン・アンブルジェによるものである。彼は一九六二年に腎臓移植でX線の全身照射を行い、例外的に成功した。この手術では、一八歳の患者がいとこから腎臓の提供を受け、移植された腎臓は拒絶されることなく正常に機能した。患者はその後、医学部に進学し、六年後には医師になったという。

X線照射という非常に危険性の高い方法に代わって、やがて免疫抑制の手段の突破口とも言える方法が登場した。きっかけとなったのは米国タフツ大学のロバート・シュワルツとウィリアム・ダマシェックの研究論文で、これは移植とは直接には関係のない免疫学の領域での成果であった。彼らの実験は次のようなものだった。

免疫反応の程度を知るには、血清中の抗体産生を調べるのが簡単で正確な手段である。シュワルツらはウサギを用いて、ウサギにとっては異物である牛の血清アルブミン蛋白を注射し、それに対する抗体産生を調べる実験を行っていた。この実験の目的は、当時、白血病の治療薬(抗癌剤)として開発中であった6－メルカプトプリンという代謝阻害物質の影響を確かめることであった。

この物質をウサギに連日注射したところ、アルブミン蛋白を注射してもそれに対する抗体産生が抑えられていることを彼らは発見した。すなわち、ウサギが牛のタンパク質に対して免疫寛容になっていることが示されたわけである。メダワーの免疫寛容は胎児の時期に誘導されたものだが、同じことが薬剤でも引き起こせる可能性が生まれたことになる。

この実験成績を、英国の外科医ロイ・カーンが移植に利用した。彼はイヌでの腎臓移植に6－メルカプトプリンを用いた。その結果、この薬は腎臓に対する毒性が強かったため、イヌは二週間以内に死亡した。だが、移植された腎臓に拒絶の徴候は見られなかった。つまり、移植された腎臓に対する免疫反応が抑制されていたのである。

カーンは一九六〇年、米国のピーター・ベント・ブリガム病院に移った。前述の一卵性双生児での腎臓移植に成功したジョセフ・マレーと協力して、6－メルカプトプリン、ついでその誘導体であるアザチオプリン（商品名イムラン）を用い、人の腎臓移植を試みた。そして、ある程度まで拒絶反応を抑制することに成功したのである。

しかし、6－メルカプトプリン、アザチオプリンのいずれもが、免疫抑制効果に限界があった。一九六〇年四月から六二年一一月までの間に、これらの薬剤で免疫抑制を受けた腎臓移植患者一〇名のうち、八名は二八日以内に死亡、一名が一六〇日後、残る一名が一八カ月後に死亡するという結果に終わった。残念ながら医療技術として利用できる段階には達していなかったのである。

一九七〇年代に入ると、新しい免疫抑制剤シクロスポリンが登場した。この新薬の開発が、現在の移植医療を確立する基盤となった。シクロスポリンの価値が認められるまでには、以下に述べるようないくつもの偶然からなるドラマがあった。

スイスの製薬企業サンド社の研究者ジャン・ボレルは、新しい抗生物質の開発研究を進めており、その過程で一つの物質に注目していた。ノルウェーで集めた土壌から分離した一種のカビが産生する物質で、抗生物質としての効果はないことが判明していた。だが、マウスにこれを飲ませると抗体産生を強く抑制し、皮膚の移植期間も延長させるといった、非常に強い免疫抑制効果を示したのだ。

一九七六年、ボレルはこの研究成果を講演で発表した。その時の聴衆のなかに、たまたまケンブリッジ大学の免疫学研究者デイヴィッド・ホワイトがいた。この発表に興味を抱いたホワイトは、シクロスポリンと命名されたこの新薬を譲り受けた。

この薬が世の中に出るためには、さらにもうひとつの偶然が必要だった。前述の英国の外科医ロイ・カーンは、ピーター・ベント・ブリガム病院での一五カ月間の滞在を終えると、その後ケンブリッジ大学へと移り、七〇年代には英国の腎臓移植のリーダーとなっていた。当時、このカーンのもとに、ギリシャの外科医アルキス・コスタキスが留学していた。二年の滞在期間を終えるところだったが、彼は研究成果があがっていなかったため、帰国までにラットでの心臓移植の技術を修得しようと考えた。

その際、研究仲間のデイヴィッド・ホワイトがボレルから譲り受けていたシクロスポリンの瓶を渡し、コスタキスに試してみるように勧めた。そこでラットに用いてみたところ、信じられないほどどすばらしい免疫抑制の成績が得られた。さらにイヌでも試してみると、やはり同様の結果が得られた。

一方サンド社は、もともとはこのシクロスポリンを癌の治療薬として期待していた。だが、実験段階で抗癌作用が見られなかったため、開発中止を決定した。カーンとホワイトは免疫抑制効果に関するデータを携えてスイスに飛び、開発中止の再考を訴えた。その結果、この新薬は廃棄されずにすんだというういきさつがある。

一九七八年、カーンらケンブリッジ・グループは、シクロスポリンによる豚から豚への心臓移植の成功を発表した。翌七九年には、人の死体から摘出された腎臓の移植におけるシクロスポリンの使用成績を発表した。死体腎の移植を受けた三二名のうち、二六名は移植された腎臓が機能し、そのうち三名は三年以上経過しても機能し続けていた。

シクロスポリンによる腎臓移植の成功は、八〇年、米国コロラド大学のトーマス・スターツルからも報告された。彼のグループは六六名の患者にこれを用い、一年後の生存率が八〇パーセントというすばらしい成績を得ていた。

肝臓移植と膵臓移植もシクロスポリンにより成功した。前に述べたように、それまでの腎臓移植はわずかな例外を除いてほとんどが失敗し、患者は短期間のうちに死亡していた。移植を推進していたロイ・カーンやトーマス・スターツルは、人殺し医師とまで言われていたという。しかし、シクロスポリンの登場によって移植は救命手段として確立され、ここから本格的な移植医療の時代が始まった。カーンは、一九八六年、英国王室からナイト（爵位）の称号を授与されている。

心臓移植が医療技術として確立されるまで

すぐれた免疫抑制剤の登場によって、移植医療は大きく前進した。その歩みを主に腎臓移植を中心に見てきたが、ほかの臓器移植についても、免疫抑制剤の進歩が最終的に大きな役割を果たした。ただし、そこに至るまでにはさまざまな紆余曲折があった。

腎臓以外の臓器移植の試みは、一九五四年、前述のようにジョセフ・マレーが一卵性双生児の間での腎臓移植に成功したことを契機に始まった。たとえば人の肝臓移植は、六三年にコロラド大学のトーマス・スターツルが試みた。肝臓癌の患者に脳腫瘍で死亡した患者の肝臓が移植され、手術は成功した。しかし、患者は二二日目に死亡した。

一方、心臓に関してはまた別の独自の経緯をたどってきた。まずは、心臓移植が医療技術として確立するまでの歩みを大まかに見ていこう。

米国の外科医ギボンは、一九三〇年代から人工心肺の研究を始め、約二〇年かけて人体に応用できる装置をＩＢＭ社の協力で作り上げた。人工的な心肺ポンプが開発されたことで、一九五三年ごろから、これに手術中の心臓と肺の機能を代替させることができるようになった。

この装置が最初に使われたのは、一九五三年のボヴァレックという名の一八歳の少女の心臓手術である。この手術は見事に成功し、彼女は有名人になった。一〇年後の一九六三年には米国心臓学会から「心臓の女王」に選ばれ、ジョンソン副大統領から賞状を授与されている。

人工心肺装置は画期的な発明だったが、巨大で心臓・肺機能を一時的にしか代替できない。患者の体内で恒久的に機能する心臓をもたらすには、やはり移植が有望だった。ミシシッピ大学のジェームズ・ハーディは、一九五六年ごろから心臓と肺の移植の研究を始めていた。イヌを使った実験では、ほとんどのイヌが手術後まもなく死亡した。しかし、何匹か長期間生存するものがでてきた。彼はまた、人の心臓の代わりに、生まれたての子牛の心臓を用いることも検討した。生まれてまもない子牛の心臓の冠状動脈は、人の成人のものとほとんど同じであることも明らかにした。そして、約五〇頭の子牛を用いてほかの牛への心臓移植を試み、約二〇頭で移植が成功した。

こうして二〇〇例以上の動物で心臓移植実験が行われ、また、手術の技術を修得するために、サル同士での心臓移植も試みられた。この移植後の心臓をふたたび取り出し、人の死体へさらに移植することも行われた。

動物を用いたこれらの実験と同時期に、ミシシッピ大学では心臓移植についての倫理面の検討も行われた。腎臓は一対の臓器なので、前述（ジョセフ・マレーの例）のようにすでに生体腎移植が行われていたが、肝臓や心臓はひとつしかないため、提供されるのは死亡者の臓器に限られる。肝臓の移植はすでに試みられていたが、心臓に対しては多くの人が神聖視しており、特別な感情を持っている。そこで、医師と一般の人々を交えた検討の結果、心臓の移植は厳密な条件のもとで行うならば受け入れられると結論された。具体的には、ドナーには脳障害で死亡した比較的若い患者が想定され、一方、レシピエントは心臓障害で死亡しかけている末期の患者という条件であった。

問題は、ドナー側の患者が死亡した後、できるだけ早く心臓を摘出しなければ、時間経過とともに臓器の損傷が進むことであった。そこで、死亡後の心臓の損傷を最小限度に抑えるために、患者の家族から心臓提供の承諾を得たうえで、心臓の保存的処置を行うことにした。具体的には、心臓が停止する直前に患者の大腿部の静脈にカテーテルを挿入しておき、移植医とは別の医師が死亡を診断すると同時に、ここから血液凝固を防ぐためのヘパリン液を注入し、血液の還流を促すのである。

このような準備を経て、移植手術を行う条件が揃うのを待つことになった。最初の機会となるかもしれない患者が、一九六四年はじめに現れた。

一九六三年一二月の最後の週、ミシシッピ大学医療センターでは何人かの患者が心臓障害の末期と診断され、移植を待っていた。翌六四年一月、新たな患者として三六歳の男性が同院に紹介されてきた。この患者は前年四月に心臓の左心室にナイフによる傷を受け、ほかの病院で縫合手術を受けた。しかし、まもなく左心室の血栓が全身の動脈にまで広がり、血液循環が阻害され、左脚に壊疽ができてしまった。そこで左脚の切断手術を受けたが、さらに右脚にも壊疽ができ、こちらも切断された。

患者はこの時点でミシシッピ大学医療センターへ運ばれてきて、心臓の血栓を除去する手術を行うことになった。この手術の後、心臓移植が必要になる可能性は非常に少なかった。しかし、万が一、心臓移植が必要になった場合のことも想定されていた。ドナーの候補として、重い脳障害で死にかけている患者が隣の病室にいたのである。さらに、このドナーの臓器が使用できない場合には、チンパンジーの心臓の使用も考慮されていた。

同種移植技術すら確立されていない時代に、なぜチンパンジーも候補になったのか。理由の一つは、これ以前にニューオリンズのチュレイン大学で、アカゲザルとチンパンジーの腎臓を人に移植する手術が行われていたためだった。なお、患者はいずれも二週間前後で死亡していた。ハーディはニューオリンズを訪れ、免疫抑制剤によってサルの腎臓が二週間も人の体内で機能したという結果に驚いた。少なくとも初期の段階では、移植は成功したとみなせたからである。彼は、サルを心臓のドナーとしても使用できると考え、この時点で二頭のチンパンジーを購入していた。そして、このチンパンジーも前述の患者のドナー候補として検討されていたのである。

このような状況で、心室の血栓を取り除くため、患者に胸部切開による手術が行われた。その最中に、ドナー候補と考えられていた脳障害の患者のほうは死亡した。そして血栓の除去手術は無事に終わり、患者は八日後にはもとの病院へ戻っていった。

結局、移植手術が必要な事態には至らなかったが、新たな医療技術が現場で適応されるまでの準備を生々しく語る例として紹介した。人の臓器が確保できない可能性があるため、早くも異種移植の可能性が検討されていたことも注目に値する。なおこのころ、医療従事者のひとりが親戚のマスコミ関係者に心臓移植手術が行われたという誤った情報を流してしまい、病院側がマスコミの取材攻勢を受けるという一騒動がもちあがったという。

ハーディによる心臓移植手術が実際に行われたのは、この後まもなく、一九六四年一月二三日のことだった。はじめは同種移植の予定だったが、結果として心臓における最初の異種移植手術となった。

レシピエントは進行した心臓病の六八歳の男性患者で、心肺装置につながった状態でドナーを待っていた。ドナーは回復不能な脳障害のために死にかけている青年だった。

このケースでは、レシピエントの患者の心臓はどんどん悪化していき、午後六時ごろにはショック状態に陥り、もはや一刻の猶予もない容態となった。手術チーム全員が集まり、協議が行われた。患者は心肺装置につなげられたままであり、一方、ドナーの候補はまだ生きている。先の例で懸念されていた、人の移植用臓器がない状況に陥っていた。心肺装置をはずして患者の死を待つか、チンパンジーの心臓を移植するか、選択肢は二つに一つだった。そして、チュレイン大学でのサルの腎臓移植に感銘を受けていたハーディは、後者の方法をとることを決断した。体重四三・五キログラムのチンパンジーの心臓が、患者に移植された。だが、この心臓は小さすぎて、戻ってくる大量の静脈血を処理することができず、患者は一時間半で死亡した。

人の心臓を人に移植する手術が世界で初めて行われたのは、その約四年後である。一九六七年一二月三日、南アフリカ・ケープタウンのグルート・スキュール病院でクリスチャン・バーナードが執刀した。レシピエントは五七歳の患者ルイス・ワシュカンスキーで、彼は過去七年間に心臓発作を何度も繰り返しており、あと二、三週間の命とされていた。ドナーとなったのは、自動車の衝突事故によって脳死と診断された若い女性であった。

最初の心臓移植が南アフリカで行われたのは、偶然ではないと言われている。当時の南アフリカはアパルトヘイトの国であり、医師に対する倫理的規制が緩かった。バーナードは黒人男性での手術も考えていたが、その場合、非白人で実験を行ったという海外からの批判が予想され、手術の成功に汚点を残すと考えたと言われている。

世界初の心臓移植成功のニュースは全世界を駆け巡った。バーナード自身もジェット機で世界を巡った。患者の容態が悪化した時、彼は米国を訪問中でジョンソン大統領やリンゼイ・ニューヨーク市長からの歓迎を受けていた。この時の歓迎ぶりは、大西洋横断飛行に成功したリンドバーグなみであったと伝えられている。患者のワシュカンスキーは手術の一八日後に肺炎で死亡した。

翌六八年一月二日、バーナードはふたり目の患者として、五八歳の歯科医フィリップ・ブレイバーグに心臓移植をふたたび行った。彼は一九カ月間生存した後、慢性拒絶反応で死亡した。

この時期は、前に述べたように免疫抑制剤としてアザチオプリンが主に用いられていたが、腎臓移植ではほとんどが失敗していた。当時、米国スタンフォード大学のリチャード・ロウアーとノーマン・シャムウェイは、イヌでの心臓移植の実験を行って、移植された心臓が機能することを確認していた。しかし、イヌはすべて数週間以内に拒絶反応で死亡したため、彼らは拒絶反応の回避の研究を続けていた。バーナードはこのシャムウェイの研究室で心臓移植を学び、その術式にもとづいて移植手術を行ったのであった。

バーナードの心臓移植のニュースは、同時に連鎖反応をも引き起こした。三日後にはニューヨークの外科医が生後一七日の男児に心臓移植を行い、この子供は数時間後に死亡した。一カ月後の六八年一月には、それまで慎重であったスタンフォード大学のノーマン・シャムウェイが初の心臓移植を行い、患者は一五日後に死亡した。五月にはヒューストンのデントン・クーリーが心臓移植を行った。ルイス・ワシュカンスキーの手術から一五カ月の間に、一八カ国で一一八件の心臓移植手術が行われ、その三分の二が三カ月以内に患者の死で終わっている。札幌医科大学のいわゆる和田移植もこの時期で、六八年八月に実施された。同様に患者は死亡している。

その後、心臓移植はシャムウェイのグループによって地道な研究が続けられ、一九八〇年代、免疫抑制剤シクロスポリンの時代に入ってから、医療として確立したのである。

こうして臓器移植は、免疫学の進歩に支えられ、信頼性の高い医療と認識されるようになっていった。そしてそれは、臓器不足という現在まで続く次なる問題を生むことにもなったのである。

第2章　異種移植の歴史

動物臓器の人への移植の試み

同種移植の歴史を振り返ると、それと並走するようにして、動物の臓器を人に移植する方法、すなわち異種移植の歴史が見えてくる。同種移植と同じように、異種移植の歩みもまたさまざまな変遷をたどってきた。

動物の身体の一部を人に移植した最初の例は、一六八二年、ロシアで大怪我をした貴族の頭の骨をイヌの骨で修理した記録である。手術は成功したと言われているが、教会はこの貴族を破門すると脅し、移植片は除去させられたという。また、一八〇〇年代の後半には、カエルの皮膚が火傷や潰瘍の治療用にしばしば移植された。ある英国軍医は、この方法を数百人に行って良好な成績を得たと述べている。

二〇世紀に入って初めて行われた臓器移植の事例は、前述のように一九〇二年、ウィーンのウルマンがイヌの腎臓の血管を頸部に移植した実験、すなわち自家移植とみなされている。ただ、ウルマン自身は、異種移植を最初に行ったのも自分であると主張している。一九一四年に「外科学年報」に掲載された論文では、最初の腎臓の異種移植は自分が行ったイヌの腎臓の山羊への移植である、と彼は記している。

それによれば彼は移植を行った山羊を一九〇三年の外科学会に連れていき、縫い込まれた尿管から尿がちゃんと出ていることを一〇〇人の観衆に確認させたという。ウルマンはまた、それに先立つ一九〇二年に、重い尿毒症の女性の左肘への豚の腎臓の移植も試みている。しかし、技術的な問題を克服することができず、豚は麻酔で死亡したと述べている。

また、一九一七年、ロシア生まれの著名な外科医でパリの名門校コレージュ・ド・フランスの実験外科研究所長だったセルジュ・ヴォロノフは、睾丸移植による若返りの動物実験を始めた。年を取った羊、山羊、雄牛に、若い動物の睾丸を移植したところ、元気を取り戻すことを観察していた。一九二六年までに、彼は合計五〇〇回以上の移植実験を行っていた。一方で、処刑された罪人の睾丸を裕福な人たちに移植し始めたが、睾丸の入手が需要に追いつかなくなったため、サルの睾丸を用いることにしたという。一九二〇年六月一二日、公式には最初の、チンパンジーの睾丸の移植が行われた。チンパンジーの睾丸を薄い切片にして、患者の睾丸に挿入する手術である。

一九二五年に出版された彼の著書『移植による若返り』では、一九二〇年から一九二三年までにチンパンジーまたはヒヒの睾丸移植を五二回行ったと書かれている。効果があった典型的な例として、七四歳の男性が手術の八カ月後には一五ないし二〇歳若返ったと述べられている。若返り手術用の睾丸を確保するため、彼は、南フランスのコートダジュールのマントンに、植民地の仏領ギニアから輸入したヒヒとチンパンジーの繁殖センターを建設していた。

この手術は国際外科学会では称賛されたが、効果については懐疑的に見られていた。一方、一般大衆の間ではジョークの話題として人気があったという。

黎明期の異種移植——腎臓

その後二〇世紀後半に入ると、異種移植の試みが急速に増えていった。論文に発表されている症例を確認すると、腎臓、心臓、肝臓の順に進んできていることがわかる（**表1**）。これに基づいて、主な手術の経緯を臓器ごとにざっとたどってみよう。

一九〇五年、フランスのプランストーは、腎不全で尿が出なくなった子供の治療のために、ウサギの腎臓の二枚の切片を腎盂《じんう》（腎臓の尿の溜まる部位）へ差し込んだ。臓器の一部にすぎないが、動物の臓器の人への移植としては、論文に記録されている最初の報告である。手術後、患者の尿量は増加したが、一六日目に肺の鬱血で死亡した。

翌年には、同じくフランスのジャブレーが、回復不能と判断されたふたりの重症の腎炎の患者に対し、ひとりには山羊の腎臓を、もうひとりには豚の腎臓をそれぞれ肘の関節の部分に植え込んだ。いずれの場合も三日後には植え込まれた腎臓が壊死を起こし、取り除かれた。

臓器	年	外科医	ドナー動物	患者の生存期間
腎臓	1905	プランストー	ウサギ（切片）	16 日
	1906	ジャブレー	豚	3 日
		ジャブレー	山羊	3 日
	1910	ウンガー	ブタオザル	2 日
	1913	ショーンシュタット	サル	?
	1923	ニューホフ	羊	9 日
	1963	ヒッチコック	ヒヒ	5 日
	1963	リームツマ	アカゲザル	12 日
		リームツマ	チンパンジー	9 カ月以内（12 名）
	1964	スターツル	ヒヒ	60 日以内（6 名）
	1964	ヒューム	チンパンジー	1 日
	1964	トレーガー	チンパンジー	49 日以内（3 名）
	1965	ゴールドスミス	チンパンジー	4 カ月以内（2 名）
	1966	コルテシーニ	チンパンジー	31 日
心臓	1964	ハーディ	チンパンジー	1 日以内
	1968	クーリー	羊	1 日以内
	1968	ロス	豚	1 日以内
	1969	マリオン	チンパンジー	1 日以内
	1977	バーナード	ヒヒ	1 日以内
	1977	バーナード	チンパンジー	4 日
	1984	ベイリー	ヒヒ	20 日
	1992	レリガ	豚	1 日
肝臓	1966	スターツル	チンパンジー	1 日以内
	1969	スターツル	チンパンジー	9 日
	1969	スターツル	チンパンジー	2 日以内
	1969	ベルトワイエ	ヒヒ	1 日以内
	1970	レーガー	ヒヒ	3 日
	1970	マリオン	ヒヒ	1 日以内
	1971	ポイエット	ヒヒ	1 日以内
	1971	モータン	ヒヒ	3 日
	1974	スターツル	チンパンジー	14 日
	1992	スターツル	ヒヒ	70 日
	1993	スターツル	ヒヒ	26 日
	1993	マコウカ	豚	2 日以内

(S. Taniguchi, & D.K.C. Cooper : *Ann R. Coll. Surg. Engl.* 79, 14, 1997 を改変)

表 1　20 世紀における異種移植の症例（論文発表による）
以降、2022 年の豚の心臓移植（エピローグ参照）まで、臓器の異種移植は行われなかった。

最初の異種移植がフランスで二件続いて行われたのは、フランスのアレクシス・カレルが血管縫合の技術を開発していたことが影響したのであろう。カレル自身もウサギの腎臓を猫に移植する実験を試みているが、これもやはり失敗に終わっている。

ドイツでは一九〇〇年代、ウンガーがカレルの血管縫合に感銘を受けて、ネコ同士の間で五〇回、イヌ同士の間で二〇回の腎臓移植の実験を行ったが、いずれの場合も二、三日しか生存しなかった。さらに子豚からイヌへ、イヌから山羊へ、そしてネコからイヌへの異種移植も試みたが、予想通り一〇時間以内に移植臓器は機能しなくなった。

それでもなお、彼はあきらめなかった。類人猿が人にもっとも近く、またマカカ属のサルもある程度人に似ていることから、サルの腎臓を人に移植する可能性を彼は考えていた。一九〇九年一二月、ウンガーは出産の際に死亡した子供の腎臓を死亡一時間半後に摘出し、サルへの移植を試みた。このサルは一八時間後に死亡した。これは非常に問題のある実験であったが、彼の論文ではたんたんと事実が述べられているのみに留まっている。

翌一九一〇年、腎不全末期の若い女性患者が現れたので、ウンガーは近くの動物園からボルネオ産の一〇歳の雄のブタオザルを入手し、両方の腎臓を患者に移植した。一時間ほどは尿ではなく血液が流れ、その後わずかな血尿が出て、患者は三二時間後に死亡した。腎臓が機能したかどうかは、はっきりしなかった。

一九二三年には、ニューホフが子羊の腎臓を水銀中毒による無尿症の患者に移植したが、患者は九日後に死亡した。

このように、初期における異種移植の試みはことごとく失敗に終わっていた。その一方、免疫学が進展し、拒絶反応をめぐる理解が深まるにつれて、異種移植がいかに困難であるかが科学的にも明らかとなった。こうして異種移植への関心は薄れ、その後数十年、停滞の歳月が過ぎることになる。

異種移植への関心がふたたび浮上したのは、一九六〇年代になってからである。これは、アザチオプリンやステロイドなど薬剤による免疫抑制の結果、腎臓移植の成功例が出てきたことが背景にあった。

米国ニューオリンズのチュレイン大学のキース・リームツマ（図5）は、一九六三年一〇月八日、アカゲザルの腎臓を三二歳の女性に移植した。この患者は、五年前に七回目の妊娠をしたころから高血圧と腎盂炎になっていた。移植後一〇分で尿が出始め、最初の日には三五〇〇ミリリットルに達した。しかし、五日後には急性の腹痛が始まり、症状が悪化して、一〇日目には移植された腎臓が取り除かれた。患者はその後昏睡状態に陥り、移植後一二日目に死亡した。

続いて一一月四日、リームツマは今度はチンパンジーの腎臓を人に移植した。患者は四三歳の男性で、六年前から慢性腎炎による高血圧だった。ドナーは四一キログラムの雄のチンパンジーである。移植後二四時間の間に尿の量は七二〇〇ミリリットルに達し、チンパンジーの腎臓が正常に機能していることが確認された。四日後に拒絶反応が起きたが、免疫抑制剤の投与などで症状は回復した。結局、この患者は手術から二カ月後の一月六日に急性の気管支肺炎で死亡したが、移植された腎臓には拒絶反応の徴候は見られなかった。

この成績は当時としては驚くべきもので、これに力を得たリームツマは、さらに一一人の患者にチンパンジーの腎臓を移植した。その結果、一〇名の患者の生存期間は一一日から二カ月で、もっとも長かった一名（女性）は九カ月近く生存した。彼女の職業は教員で、仕事にも一時復帰することができた。死後、解剖の結果では、腎臓には拒絶反応は見られず、死亡の原因は循環器系の異常（電解質のバランス異常）と考えられた。

この手術の前年ならば、サルの腎臓が九カ月も人の体内で生着するなどということは、どの外科医も考えもしなかっただろう。リームツマがこれらの成績を全米外科学会で発表した時、「臨床的応用に達してはおらず、これから詳細な実験的検討が必要であるが、移植生物学の新しい局面を開いた」と高く評価された。

図5　リームツマ夫妻と著者

実は、リームツマの行った手術よりも前の一九六三年二月、ミネアポリスでもヒヒの腎臓が人に移植されていた。手術を行ったのはクロード・ヒッチコックである。

彼は一九六〇年から、摘出後の腎臓の保存条件を調べるため、ヒヒの腎臓をヒヒに移植する実験を行っていた。六三年一月、六五歳の先住民の女性が糖尿病による慢性の腎臓疾患で入院してきた。その四日後、銃で撃たれた一八歳の男性が救急室に運ばれてきた。弾丸は心臓の近くを通過しており、生きている徴候は見られなかった。腎臓提供の許可が得られたことから、女性患者への移植が行われた。しかし、三日後に血尿が見られ、検査の結果、拒絶反応で移植された腎臓がほとんど機能しなくなっていることがわかった。そこで今度はヒヒの腎臓を移植したのである。

移植後、ヒヒの腎臓は正常に機能していたが、四日後に腎臓動脈に血栓ができて患者は死亡した。この手術が行われたことはすぐには公表されず、リームツマの手術成績が発表された後、六四年九月に「米国医師会雑誌」に詳細が発表された。

ヒッチコックはこの手術で四日間ヒヒの腎臓が機能したことに注目し、ヒヒは腎臓のドナーとして有望だと考えた。そこでコロラド大学のトーマス・スターツルと共同で、六四年、六人の患者にヒヒの腎臓移植を行った。ヒヒはテキサス州サンアントニオにあるサウスウエスト国立霊長類研究センターから提供された。移植された腎臓は六人の体内ですぐに機能しはじめ、一〇日から六〇日の間維持された。免疫抑制剤としてアザチオプリンとプレドニソンが用いられたが、結局、拒絶反応を抑えることができず、すべての患者が死亡した。

この後、六四年から六六年にかけて、ヒューム、トレーガー、ゴールドスミス、コルテシーニがいずれもチンパンジーの腎臓の移植を行ったが、患者は四カ月以内に死亡した。

こうしてすべての手術が失敗に終わった。一方、腎臓の機能を体の外部で機械的に代替する方法、すなわち血液透析の技術が登場してきた。人工心肺とは異なり、患者は透析装置に常時接続している必要がない。定期的な血液透析で腎臓疾患の患者の延命が可能になったことも加わって、米国の外科医の間では自主的なモラトリアム（一時停止）が行われることになった。その後、腎臓の異種移植は行われていない。

黎明期の異種移植——心臓

心臓の異種移植の先駆けとなったのは、前述の通りミシシッピ大学のトーマス・ハーディである。一九六四年、心臓移植の準備をしていた際、予定されていたドナーの心臓が間に合わない事態に陥り、急遽チンパンジーの心臓に切り替えて移植を行った。

彼は当時、人からの心臓移植よりも、チンパンジーからの心臓移植のほうがさらに議論を呼ぶ可能性があると理解してはいた。だが、すでにリームツマの手術がある程度の成績を収めたことに影響され、手術グループで投票した結果、倫理的、道徳的に受け入れられる範中であると判断して前述の手術に踏み切ったのだった。しかし、これもすでに述べたが、チンパンジーの心臓は患者の血流を受け入れるには小さすぎ、患者は一時間半で死亡している。

その後、六八年と六九年には、英国では豚の心臓を、フランスではチンパンジーの心臓を用いた移植がそれぞれ行われたが、いずれも二四時間以内に患者は死亡した。

南アフリカのクリスチャン・バーナードは、六七年、世界初の人から人への心臓移植を行ったことで有名になっていた。そしてその一〇年後の七七年、ヒヒとチンパンジーからの心臓の移植を一例ずつ行った。しかし、ヒヒの心臓はすぐに拒絶され、チンパンジーの心臓も四日で拒絶され、彼は動物の心臓を用いることをあきらめた。

一九八〇年代になると、シクロスポリンの開発によって免疫抑制の方法が著しく進展した。プロローグで紹介したベビー・フェイの事例も、こうした段階に入ってからの手術である。レナード・ベイリーはヒヒの心臓をベビー・フェイに移植し、患者は二〇日間生存した。死亡の原因は免疫抑制剤の副作用と推測される腎臓の機能障害で、ヒヒの心臓は正常であった。

その後、九二年にはポーランドで、大動脈瘤ができるマルファン症候群と診断された三一歳の男性患者に、体重約九〇キログラムの豚の心臓が移植された。だが、患者はほぼ二四時間後に死亡した。心臓の異種移植は、その後二〇二二年まで、ほかの臓器の場合と同様にとだえることになった。

黎明期の異種移植――肝臓

肝臓の異種移植では、コロラド大学のトーマス・スターツルが先陣を切った。彼は一九六六年から六九年にかけて、三人の患者にチンパンジーの肝臓の移植を行った。

最初の症例は、胆道閉鎖症の二歳四カ月の幼児だった。人の死体からの肝臓提供がなかったため、チンパンジーの肝臓がこの幼児に移植されたが、手術中に出血で死亡した。二例目は、はじめは肝臓がいくらか機能したように見えたが、九日後に死亡した。三例目も肝臓は一時機能したように見えたが、患者は二六時間後に死亡した。

一九七四年、スターツルは、胆道閉鎖症のために人の肝臓移植を受けたものの、一〇日後に拒絶反応のために移植した肝臓を取り出さなければならなくなった患者に、代わりにチンパンジーの肝臓を移植した。この患者は一四日間生存し、解剖の結果、肝臓には拒絶反応はほとんど見られなかった。

フランスでは、六九年から七一年にかけて、ヒヒの肝臓の移植が五回行われたが、いずれも三日以内に患者は死亡した。

コロラド大学からピッツバーグ大学に移ったスターツルは、一九九二年にヒヒの肝臓移植を行った。彼は、この大学で全米の移植の中心となりうる体制を確立しており、特に脳死患者からの肝臓移植に力を注いでいた。

こうした状況下で、スターツルが人の肝臓ではなくあえてヒヒの肝臓を用いたのには理由があった。移植の対象となったのが、Ｂ型肝炎の患者だったためである。この三五歳の男性は、八九年に交通事故で脾臓の摘出を受けた後、Ｂ型肝炎を発症し、末期状態となっていた。さらに彼は、ヒト免疫不全ウイルス（ＨＩＶ）にも感染していた。こうした患者の場合、人の正常な肝臓を移植しても、Ｂ型肝炎ウイルスに冒されてしまうことは明白だった。一方、ヒヒはＢ型肝炎ウイルスにもＨＩＶにも抵抗性がある。そのため、移植後の肝臓もウイルス感染を免れると期待された。

この手術では、シクロスポリンと同様の免疫抑制効果があり、しかも腎臓毒性が少ないという利点のあるＦＫ５０６を中心とした免疫抑制が行われた。ちなみに、このＦＫ５０６は日本の筑波山麓の土壌から生まれたもので、藤沢薬品工業が分離を行い開発した免疫抑制剤である。

患者は七〇日後に死亡したが、死亡の原因は脳内のカビの感染で、これは胆管がつまったことから起きたものであった。移植された肝臓には拒絶の様子は見られなかった。翌九三年にも、スターツルは同様にB型肝炎の患者にヒヒの肝臓移植を行ったが、この患者も二六日後に死亡した。

九二年には、ロサンゼルスのシーダース・サイナイ医療センターで、レナード・マコウカが二六歳の女性患者に緊急処置として豚の肝臓の移植を行った。患者は手術後三二時間後に死亡した。

こうした状況のさなか、九二年八月に第一四回国際移植学会がパリで開かれた。時期的にはちょうど、スターツルの第一回のヒヒの肝臓移植手術の直後であった。この段階ではスターツルの患者は比較的安定した状態にあった。移植医たちの間では、異種移植の本格的な臨床応用が考えられる時代に入ったという雰囲気が生じてきていた。

この学会ではまた、移植免疫学の基礎を築いたピーター・メダワーの名前をとったメダワー賞の第二回目の授賞式が行われた。三人の受賞者、トーマス・スターツル、ロイ・カーン、ノーマン・シャムウェイは、いずれも受賞記念講演のなかで異種移植の可能性を語っている。

エイズ患者へのヒヒの骨髄移植

異種移植実現のハードルとなったのは、同種移植以上に強烈な拒絶反応だけではなかった。異種移植の進展をたどる際には、米国カリフォルニアでのある大きな転換点にふれなくてはならない。

一九九五年一二月、三八歳のエイズ患者ジェフ・ゲッティに、ヒヒの骨髄移植が行われた。ゲッティは一五年前にヒト免疫不全ウイルス（ＨＩＶ）に感染し、容態がかなり悪化していた。彼にヒヒの骨髄細胞を移植する方法が検討されたのは、次のような理由からだった。

ＨＩＶに感染すると、やがて血液中のリンパ球が破壊されて免疫能力が低下していく。このリンパ球の元になるのが骨髄の幹細胞だが、進行したエイズではこれが破壊されて最後には免疫不全の状態に陥る。普通なら、健康な人の骨髄細胞を移植すれば、新たにリンパ球が産生されて免疫能力を回復させることも期待できる。だがエイズ患者の場合、移植された骨髄細胞もすぐウイルスに感染して破壊されてしまうため、骨髄移植での治療は一時しのぎにすぎない。

一方、ヒヒはＨＩＶに抵抗性がある。そこで、ヒヒの骨髄細胞を移植すれば細胞はウイルス感染を免れてリンパ球を産生することができ、低下した免疫能力を回復させることも期待できる。これが、エイズ患者ゲッティにヒヒの骨髄細胞を移植しようとした理由であった。

この実験的治療は、カリフォルニア大学サンフランシスコ校のエイズ研究者ポール・ヴォルバーディングと、ピッツバーグ大学医療センターの外科医スザンヌ・イルドスタットが中心になって計画したもので、実施にあたってはカリフォルニア大学の倫理委員会に申請を行った。当時、新しい外科手術が試みられる場合、必要な手続きは大学や研究所に設置された倫理委員会の審査と承認のみであった。この倫理委員会による承認はまもなく得られた。

ところが、予想外の事態が起きた。この骨髄移植が大学の倫理委員会で承認されたことを知った米国・食品医薬品局（ＦＤＡ）が、九五年四月、待ったをかけたのである。この移植について同局は、まだ人で試されたことのない新薬の場合と同じように、正式な臨床試験の許可申請をFDAに提出するよう求めた。

その主な理由は、ヒヒの細胞が人の身体のなかで新しいウイルスを産生するおそれがあるというものだった。ヒヒはレトロウイルスをはじめとするいくつかのウイルスに持続感染していることがわかっていた。ヒヒには病気を起こさずに共存しているこれらのウイルスのなかに、エイズのように新たな感染症の流行を人の間で引き起こすものがないとは言えない。つまり、FDAはこの実験的治療に対して、未知のウイルスによる感染症が出現する危険性を重視したのである。

関係者たちは、かつての出来事を思い浮かべた。一〇年前、遺伝子治療の申請が初めて提出された時、安全性の確認のために何カ月も承認が遅れた。今回もそれと同様の経過をたどるのではないかと予想された。患者のゲッティは、FDAが計画を差し止めたことに対して次のように批判した。「このままでは自分は死んでいく。ぜひこの実験でなんらかの回答を出してほしい。もし、これが私の命を救うことになれば大変幸せだ。ヒヒがなぜHIVに抵抗性があるかがわかれば、エイズの遺伝子治療にも利用できるかもしれない。私はひとりのエイズ患者だが、数百万人のエイズ患者を代表しているのだ」と。彼の家族も同様に移植実施への強い希望を表明した。

患者や家族の強い要望を受けた形で、FDAは公聴会などを開いて一般の人々の意見を求め、同局の専門家委員会でさらに検討を行った。

この委員会では、特にヒヒの繁殖コロニーのあるテキサス州のサウスウェスト国立霊長類研究センターのウイルス研究者ジョナサン・アランたちが、ヒヒからのウイルス感染の危険性を理由に強く反対した。米国・疾病制圧予防センター（CDC）の専門家たちも同意見であった。エマージング感染症対策の提唱者であるロックフェラー大学のスティーブン・モースも反対を唱えた。

マサチューセッツ総合病院の移植外科医ヒュー・オーチンクロスは、移植がゲッティの延命につながる可能性はきわめて乏しいが、これまで通りHIVの伝播を防ぐために安全なセックス対策が守られ、さらに通常の骨髄移植の場合に行われる感染予防対策がとられれば、ほかの人への感染の伝播の可能性もきわめて少ないだろうと判断していた。一方、患者団体からは承認を求める声が強く出され、この希望に押される形で委員会での投票が行われた。その結果、棄権したアランを除き、この実験は全員一致で承認された。計画の差し止めから四カ月後、八月のことである。予想以上に早い承認であった。

委員会は、ゲッティに接触する可能性のある医療従事者については防護のための特別な安全対策は要求せず、ゲッティおよびドナーのヒヒの組織を保存しておいて、問題が起きた時に検査ができるように求めた。

こうした経緯を経て、一二月一四日に移植が行われた。手がけたのはカリフォルニア大学サンフランシスコ校の医師団と、この治療法を考案したピッツバーグ大学のスザンヌ・イルドスタットである。

まず、化学療法と大量の放射線の照射が行われた。患者の骨髄を一定レベルまで破壊し、移植される骨髄細胞に置き換えるためである。その後でヒヒの骨髄細胞が静脈内に注射され、これは約三〇分で終了した。技術的には一般的な輸血と同じ処置であって、特別な手術ではない。しかし、大量の放射線照射によって数週間は白血球の数が減少するため、患者はいろいろな感染を起こしやすくなる。その間の厳重な感染予防がむしろ重要と言える。

移植手術後、ゲッティの容態は良好であった。だが、彼は複雑な感情にとらわれた。バブーン（英語でヒヒのこと）・ボーイという冗談、保守的な宗教団体や「動物の権利」を主張する者たちからの攻撃、自分が新しいサル由来ウイルスを世界にまき散らすのではないかという過剰な不安などである。

年が明けた翌九六年二月七日、移植を担当したカリフォルニア大学の研究グループは、この骨髄移植が失敗であったと発表した。ゲッティの血液のなかにヒヒのＤＮＡが存在している証拠は確認できず、検査の感度から類推すると、たとえヒヒの細胞が存在していてもその数は患者の免疫系の一パーセント以下にすぎないという。これでは免疫能力を回復させるには不十分と判断されたのである。

しかし、当のゲッティの容態は予想に反してむしろよくなっていった。移植の際に数種類の抗ウイルス剤の投与も受けていたため、これが容態回復の原因になったのではないかと推測された。ＣＤＣはゲッティがヒヒ由来ウイルスに感染しているかどうかについて検査を行ったが、その証拠は見出されなかった。

この移植はほかにもさまざまな議論を引き起こした。まず、移植が行われたのがイルドスタットの所属するピッツバーグ大学ではなく、サンフランシスコであったことに対する批判があった。彼女はこう反論した。サンフランシスコで移植を行ったのは、ピッツバーグ大学で承認されなかったからではない。この街には多数のエイズ感染者がいて、エイズ治療の経験や実績が豊富だからである。それにこの共同研究はピッツバーグ大学でも承認されている、と。

最大の懸念は、ヒヒからのウイルス感染の危険性とそれがもたらす公衆衛生上の問題であった。たまたまちょうどこの時期に、南部の都市アトランタではＣＤＣ主催のバイオセーフティに関するシンポジウムが開かれていた。九六年一月末のことである。

このシンポジウムには私も出席した。プログラムには異種移植に関する特別セッションが設けられ、動物をドナーとした場合の感染の危険性も含めて議論がかわされた。この問題についてはこれまでも断片的に討論されてきたが、ほとんどがヒヒやチンパンジーをドナーとした場合の感染の危険性に関するものに限られていた。豚をドナーとした場合の危険性も含めて、総合的な議論が行われたのはこれが最初であった。

ただし、この時点ではゲッティの移植の成果はまだ不明な段階だった。会場全体の雰囲気としては、この移植がもし成功すれば、ドナーが豚よりはるかに危険性の高いヒヒであっても、エイズ治療への期待と恩恵が今後の異種移植の進展に大きな影響を与えるであろうという意見が強かった。結局この移植は失敗したため、その後ヒヒの骨髄移植は行われていない。

異種移植におけるドナー動物からの感染の問題は、八四年に行われたベビー・フェイのヒヒ心臓移植の時には、議論はもとより認識さえなきに等しかった。だが、ほぼ同時期にエイズの原因がＨＩＶであると判明したことによって、ウイルス感染症に対する関心が一気に高まった。さらに九〇年代に入ると、エボラウイルスに代表されるエマージング感染症の危険性が世界的に認識されるようになった。異種移植について、免疫による拒絶反応に加えて、未知の感染症の出現リスクという新たなハードルが発見されたのである。

九五年に行われたゲッティのヒヒ骨髄移植には、このような背景があった。ベビー・フェイの例からわずか一〇年ほどの間に、ウイルス感染をめぐる認識は一変していた。ゲッティの移植を契機に、動物の臓器を用いた異種移植は大きくクローズアップされ、安全性をはじめとするさまざまな議論、検討の熱が急速に高まっていったのである。

第3章　臓器不足とその解決策

不足する臓器、増加する待機患者

一九八〇年代、シクロスポリンによる免疫抑制の方法が確立したことで、腎臓をはじめ、肝臓や心臓の移植を受けた患者の生存率は著しく向上した。手術件数が増加し、移植はしだいに一般的な医療となっていった。同時に、移植を希望する患者の数もますます増加の一途をたどっていった。その結果、需給の大きなアンバランス、すなわち臓器不足問題が出現し、その根本的な解決手段として、異種移植が注目されるようになった。本章では、現在まで続く臓器不足の実態と、異種移植以外の選択肢について眺めてみる。

米国では、移植の普及に伴って一九八四年に全米臓器移植法が制定され、これに基づいて全米臓器分配ネットワーク（ＵＮＯＳ）が発足した。この組織が中心となって、文字通り臓器を公平に分配するための活動を担っており、全体の状況や動向もここで把握されている。

移植に必要な臓器は、当初は一般の人々への教育や広報活動によって十分確保できるだろうと考えられていた。しかし、UNOSの資料によると、臓器の不足状況は予想をこえる事態となった。シクロスポリンの時代になる直前の一九八二年、米国での臓器移植件数は年間約五〇〇〇例であった。しかし、一九八八年から九七年までの一〇年間の推移を見ると**図6A**のような状況になった。

移植患者数の増加に比べ、移植希望者の増加の著しいことが端的に示されている。移植を受けた患者の数は八八年には約一万三〇〇〇人、九七年には約二万人となり、一〇年間で約五〇パーセント増加している。一方、移植を希望し待機している人の数は年々急カーブで上昇し、九七年には六万人近い。実際に行われた移植数に対して、その三倍もの人が臓器提供を待っていたことになる。

英国でも同様の状況だった。移植の大半を占める腎臓移植の推移を見てみると（**図6B**）、一九七八年には七六五例の移植が行われたが、九七年には一六三五例と移植を受けた患者が二倍以上に増えている。一方、待機患者の数は七八年の一二七四人から、九七年には五七三二人と五倍近くに急増していた。

日本での腎臓移植の推移もやはり同様である。一九九六年をみると、死体腎・生体腎を合わせて六三八例の移植が行われているが、待機患者の数は一万五〇〇〇人と移植数の二〇倍を超えている（**図6C**）。

この状況は現在まで変わっていない。移植のための臓器が圧倒的に不足しているために、待機患者は増加し続けている。米国では、二〇二一年に臓器移植を受けた患者が約四万人であるのに対し、待

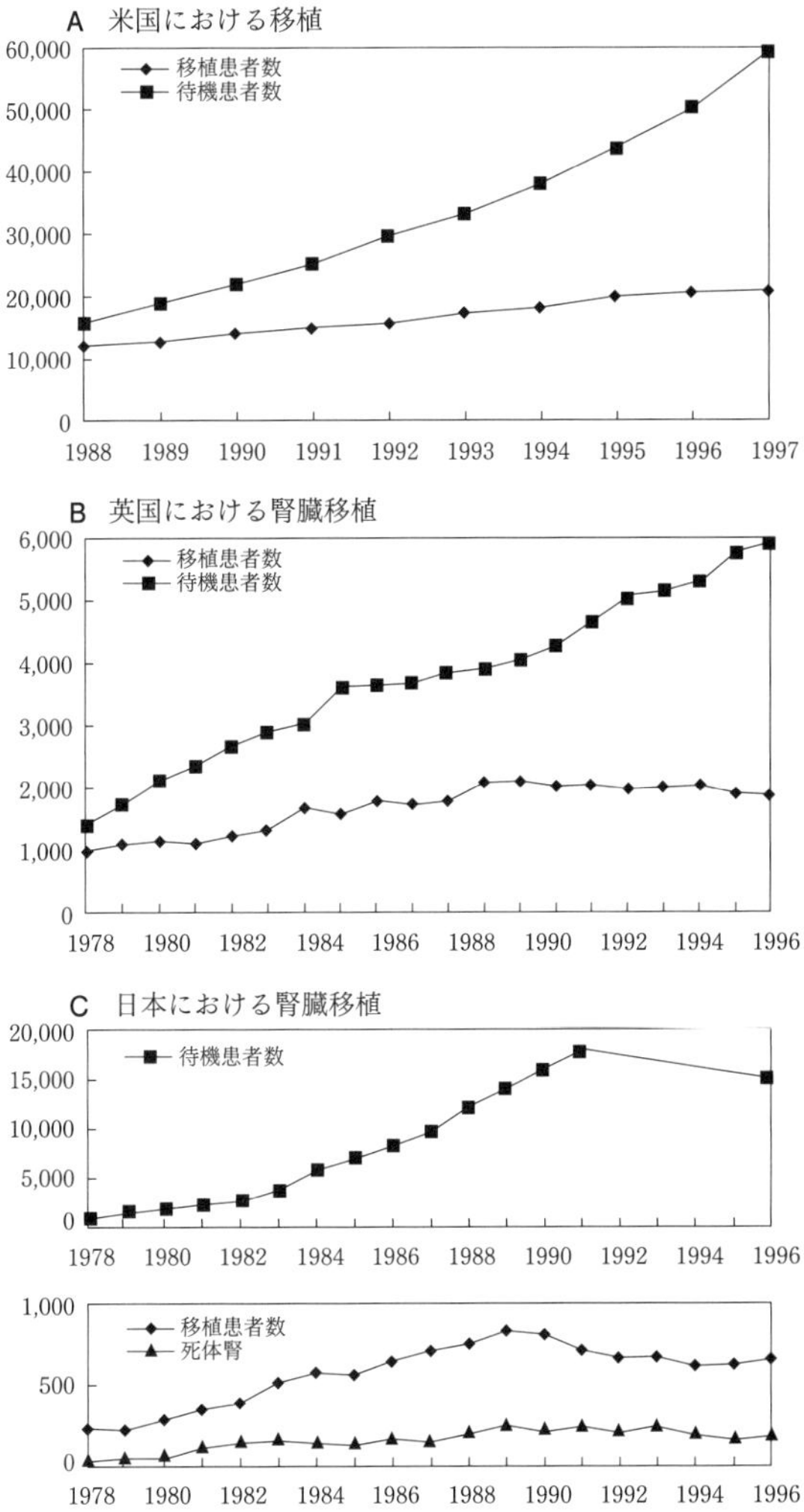

（図AとB＝OECD報告1998、図C＝Ota.K：*Transplantation Proceeding*, 30, 3650, 1998を改変）

図 6　移植医療の確立と臓器不足問題の出現

機患者は一〇万人あまりと言われている。英国では、二〇二〇年から二〇二一年にかけて約三四〇〇例の移植が実施されたが、待機患者は約七〇〇〇人で、二〇二〇年には待機中に四七〇名以上が死亡していた。現在、日本では臓器移植ネットワークに登録している移植希望者が約一万四〇〇〇人であるのに対し、移植を受けた患者は年間約四〇〇人と、希望者のわずか二－三％にすぎない。

臓器不足の解決を求めて

こうした臓器不足の現状に対して、臓器提供を増加させる手段や方策が検討されてきた。世界各国での臓器提供の法的枠組みにおいて、提供意思の確認方法はオプトイン（opt in：参加）とオプトアウト（opt out：不参加）の二種類に大別される。オプトインでは、亡くなった本人が生前に臓器提供の意思表示をしていた場合、あるいは本人の死後に親族が臓器提供に同意した場合にのみ、臓器の提供を認めている。つまり、本人の自発的な意思の提示を原則とする考え方で、韓国、米国、英国、ドイツなどはこの方式である。日本でも、一九九七年に「臓器の移植に関する法律」で広い意味でのオプトイン制度が採用され、書面による本人の意思表示と家族の同意の二つが条件とされた。その後、二〇一〇年に改正臓器移植法が施行され、本人の拒否がない限り、家族の同意で臓器を提供できるようになった。

オプトアウトは、「推定同意」の考え方で、ある人が脳死になった場合、臓器提供を拒否する文書を残していない限り、その人は臓器提供に賛成であったとみなすものである。この場合、たとえ家族が反対の意思を表明しても無効とされる。オーストリア、フランス、スペインなどがこの制度を採用している。

オプトイン制度だった英国は、二〇二〇年、オプトアウト制度に転換した。その背景には、待機患者の増加に加えて、世論調査では八〇％の人が臓器提供の意思があると回答していたが、実際に提供者として登録しているのは三七％にすぎなかったというデータがあったという。

日本の場合は、内閣府による世論調査では、臓器移植法施行の翌年一九九八年に「臓器提供したい」と答えた人は三一・六％、「提供したくない」と答えた人は三七・六％だった。意思表示カードを持った人は二・六％にすぎなかった。改正臓器法施行後の二〇一七年調査では、「提供したい」と答えた人は四一・九％、「提供したくない」と答えた人は二一・六％で、意思表示カード等に記入している人は一二・七％となった。

各国における臓器提供の状況を**表2**に示した。必ずしも、オプトアウトの方が提供が増えるという傾向が見られるわけではない。スペインは特に提供数が多いが、これは単にオプトアウト制度によるものではなく、臓器提供制度の全般的な見直しが貢献していると言われている。

	臓器提供数	制度
日本	0.77	オプトイン
韓国	8.66	オプトイン
米国	33.32	オプトイン
ドイツ	11.10	オプトイン
英国	23.35	オプトイン
オーストリア	22.90	オプトアウト
フランス	26.84	オプトアウト
スペイン	48.00	オプトアウト

表2　各国における臓器提供の状況
100万人あたりの臓器提供者の人数。IRODaT（臓器移植・臓器提供国際登録）2018年のデータにもとづく。日本は2016年。

人工臓器の開発

このように、提供臓器の増加を促す方策のほかに、テクノロジーに解決手段を求める道も考えうる。すなわち人工臓器の開発である。

人の体の一部を人工的なもので置き換えることは、義眼や義足などのようにすでに数百年にわたって行われてきた。しかし、複雑な機能や組織からなる臓器を人工物で代用することには、非常に多くの困難が伴う。本来の臓器を完全に代行しうる人工臓器とは、⑴生体の臓器と同じくらいの大きさで、⑵解剖学的にも生体の臓器と同じ場所に設置され、⑶しかも本来の臓器の働きを完全に代行しうるもの、とされている。しかし、現実にこのようなものを作りあげるのは、現代の先端技術をもってしてもきわめて困難であり、夢物語に近い。

そのため、実際の研究開発においては、生体の臓器の大きさ、形、位置にとらわれずに、目的臓器の機能のみを完全に代行することを目標としている場合がほとんどである。また、目標を機能に限定したとしても、生体臓器を完全に代行することは容易ではなく、実際には機能の一部の代行を目標としている場合が多い。

そのなかでも、実現できているのはごく一部分にすぎない。たとえば、人工心臓でのポンプ機能、人工腎臓での透析や濾過、人工心肺でのガス交換、人工関節でのジョイント機能、人工皮膚での被覆などが示すように、ほとんどは物理的な機能の代行に限られている。

その点、心臓は機能面からみると比較的単純な臓器で、基本的には動力としてのポンプに近い。生化学的機能や代謝機能にはあまりかかわっていないため、人工臓器のなかではもっとも多く研究がなされてきた分野である。

これまでの人工心臓は、装置を体外に設置して心臓の代わりをつとめさせるもので、たとえば東大医学部の実験では、山羊の心臓を切除して代わりに完全人工心臓を装着させ、最長五三二日の生存実績を上げている。

一方、エネルギー源も含めたすべてを体内に設置する、完全埋め込み型人工心臓の開発も試みられてきた。たとえば米国国立心臓研究所を中心とした人工心臓の開発プログラムが六五年に始まり、最初の埋め込み手術が七〇年のバレンタイン・デーに行われるという計画が立てられた。しかし、これは実現しなかった。

一九八二年一二月二日、米国ユタ大学病院で、永久人工心臓の初の移植手術が行われ、全世界の注目を集めた。患者は六一歳の歯科医バーニー・クラークで、埋め込まれたのはロバート・ジャービックが開発したジャービック七型人工心臓である。これはこぶし大のポリウレタン製で、大人の心臓の平均重量二七〇グラムとほぼ同じ約三〇〇グラムである。外部にチューブが出ており、エネルギー源となる圧搾空気を、体外のテレビ大の駆動装置からチューブを介して体内の人工心臓に送り込む構造になっている。

手術の結果、患者は良好と言ってよい容体まで回復し、六二歳の誕生日も無事に迎えることができたが、手術から一一二日後に死亡した。その後、同じような手術が八四年一一月、八五年二月、同四月と三例行われたが、患者はそれぞれ六二〇日、四八八日、および一〇日後に死亡した。このほかにスウェーデンでも八五年四月に埋め込み手術が行われたが、患者は二二九日後に死亡した。ユタ大学の動物実験での最大生存期間は子牛の九カ月であり、人では動物の四〜五倍は長く生存できるであろうと見られていたが、その期待には応えられなかった。

これらの臨床試験は、米国・食品医薬品局（ＦＤＡ）の承認を受けて実施されたものであったが、一九九〇年、ＦＤＡはこの人工心臓の製造や品質管理、臨床使用の追跡調査の点で欠陥があるとして、継続実験の承認を公式に取り消した。

臓器を人工的に培養する

発想を大きく転換して、これまでにない方法で人工臓器を作る研究も登場している。自己の細胞を再生させて人工臓器を作ろうとするもので、組織工学（tissue engineering）というまだ歴史の浅い分野である。

その原理をかいつまんで説明しよう。組織の再生法には、体外での方法と生体内での方法の二つがある。皮膚などは体外で培養することが可能であり、米国のベンチャー企業オルガノジェネシス社は人の皮膚細胞を体外で再生するアプリグラフという名前の人工皮膚を開発している。この人工皮膚は一九九八年五月、食品医薬品局から承認され、二〇年以上臨床で用いられている。一方、いくつもの種類の組織が集まって形成される臓器では、生体内での再生法のみが試みられている。

二〇〇四年、ドイツでは、組織工学によって人工培養された気道組織の最初の移植が行われた。現在、活発な研究が行われているのは、人工肝臓と人工膵臓である。細胞が集まって組織を形作るには、細胞の足場となる多孔質の基質が必要である。生体では膠質《こうしつ》のコラーゲンタンパク質をはじめとする種々のタンパク質からできており、これを細胞外マトリックスと呼ぶ。この細胞の支持体である細胞外マトリックスを用意し、そのなかに肝臓細胞や膵臓細胞を植え込み、組織として成長させるというのがこの方法の要点である。細胞の候補としては、人の細胞のほかに豚の細胞の利用も考えられている。

二〇一八年には、三年に一度開催される国際組織工学・再生医療学会世界会議が京都で開かれ、さまざまな研究開発の進展が報告された。以上のように、人工臓器の研究には期待される面が多いにしても、本来の生体臓器の代わりとなりうるような完全なものの実用化はほど遠いと言えよう。

残された大きな可能性が、動物の臓器の利用である。しかし前述のように、異種移植には同種移植以上に高いハードルがあることも認識されていた。これらのハードルを越えて、異種移植を医療として確立させるための本格的な研究が二〇世紀末から進み始めたのである。

第4章　ドナーとしての豚

免疫抑制剤シクロスポリンの登場によって、移植を受けた患者の生存率が飛躍的に高まり、本格的な移植時代の幕開けとなった。

ケンブリッジ大学の免疫学研究者デイヴィッド・ホワイトはそのシクロスポリンの有効性を見出した人物である。彼は移植医療の未来が異種移植にあると考え、一九八〇年代はじめから研究を開始した。異種移植においては、どの動物をドナーに選択するかが移植の実現可能性を大きく左右する。そして、彼が選択したドナー動物は豚であった。以降、豚を基盤として、異種移植技術の開発が進展していくことになったのである。

なぜ豚なのか。豚という動物は食肉用としては身近であるが、それ以外の側面はあまり知られていない。そこで本章では、まず豚が移植ドナーとして選択された理由を簡単に説明したあと、豚の性質や特徴と家畜としての歴史、近年の研究用の実験動物としての歴史を追っていく。その過程で、ドナー動物に豚が選ばれることになったさまざまな理由が見えてくることだろう。

豚が選ばれた理由と背景

異種移植の歴史をふまえるなら、ドナー動物の候補としてまず考えられるのは豚とヒヒである。一方で、過去の事例を考慮せずに必要な要件を検討した場合、動物種の選択については主に次の四つの条件が考えられる。

第一に、その動物の臓器が人と同じような大きさで生理機能も似ていること。せっかく移植してもサイズや生理機能が違っていては、臓器としての役割は果たせない。第二に、危険な微生物汚染のないものでなければならない。第三に、十分な個体数が確保できるものであること。第四に、愛玩動物は除外すること。これは、第一から第三までの条件に仮に合致していたとしても、ペットとして広く受け入れられている動物をドナー動物にすることを、多くの人は心情的に受け入れられないだろうとの判断からである。

豚は、これらすべての条件に合格している。豚は人とサイズが似ており、生理機能の面でも似た点が多く、医学研究用にもすでに広く利用されている。また、一九五〇年代末から特定の病原体の感染のないＳＰＦ（specific pathogen free）豚が作られるようになっており、家畜のなかではもっとも微生物汚染が少ない動物と言える。さらに、食用動物であり供給数のうえではまったく問題がない。また、愛玩動物と比較すれば倫理的な抵抗感も少ないとみなしてよいだろう。

では、ヒヒはどうか。サイズや生理機能の面でヒヒは人によく似ており、この点では豚よりもすぐれている。しかし、供給数は非常に限られている。たとえば、世界最大のヒヒ繁殖施設である米国テキサス州サンアントニオのサウスウェスト国立霊長類研究センターでも、当時の保有数は三〇〇〇頭であった。ヒヒが性成熟するには五年から七年かかり、妊娠期間は約一〇カ月で、しかも一回の出産で子供は一頭しか生まれない。供給できる数はきわめてわずかで、臓器不足の解決にはならない。

また、ヒヒは人にとって危険ないくつものウイルスに感染していることが知られている。臓器ドナーとしては、特定の微生物感染のないSPFヒヒでなければならないが、そのためには、出産から飼育までの徹底した管理が不可欠となる。具体的には、ヒヒに帝王切開で子供を出産させ、生まれた子供を人工保育器で哺乳飼育する必要がある。これを実際に行おうとすれば大変な労力を要する。仮に年間一〇〇頭のSPFヒヒを供給するヒヒのコロニーを作るとすると七年から一〇年はかかり、その費用は一九九〇年代の試算では、約一〇〇〇万ドルとされた。

豚の起源と家畜化の歴史

豚は生物学的には偶蹄類イノシシ科に属す、知的で社会性に富む動物である。本来は群れで行動し、群れのなかで社会的上下関係が成立している。雄豚同士は子豚の時からならしておけばいっしょに飼育できるが、成長してから群飼いするとはげしい攻撃を行うことがある。しかし順位が決まると秩序を取り戻す。テリトリーは作らず、生活スペースすべてをひとり占めするようなことはしない。雑食性で人と同じような食物を好み、おとなしく人によくなつく。一方、臆病で繊細な気質をもっている。わずかな音にも驚き、実験のためにつかまえようとすると悲鳴をあげる。

豚は元来、清潔好きな動物であり、餌を食べる場所、寝る場所、排泄場所を区別する習性をもっている。狭い豚小屋で飼育すると糞尿で体を汚していることがあるが、これは本来なら体温の調節や寄生虫を払い落とすために行う土浴ができない場合にやむをえず行うものである。

また豚は、もともと野生であった猪が家畜化された動物であり、品種改良が加えられて今日に至っている。猪は狩猟の対象動物だったが、人の生活環境に接近することが多く、人に馴れやすい性質をもっている。人類が農耕社会に移行し、定住生活を始めたころ、ヨーロッパやアジアの各地には多くの猪が生息していた。彼らは雑食性であるため、しだいに人間の食物の残りをあさりに現れるようになり、ここから猪の家畜化が広まったものと推測されている。

家畜の起源は約一万年前にまでさかのぼる。東南アジアで野生動物を追い払って定着性の穀物農業を始めた人類が、肉と皮を必要としたことから野生の山羊と羊を飼い慣らしたのが最初の家畜とみなされている。続いて九〇〇〇年前ごろに、豚と牛が家畜化されたものと推測されてきた。ところが、それを覆すような調査報告も出てきている。

トルコ南東部のハランチェミ地方で採取した古代の豚の骨を調べると、一万一五〇〇年前には豚の骨が雌雄均等に分布していたのに対し、時代が下って一万一〇〇〇年から一万五〇〇年前になると、骨の数が急に増え、しかも雌が多くなったという。これは明らかに人類が生まれたばかりの子豚を殺すようになったためで、そのころから豚を飼い始めたことを示す証拠であるという見解が打ち出された。この説が正しければ、この地の住民は穀物栽培を始める前に豚を飼い始めていたことになる。つまり世界初の家畜飼育者である。また、人類が最初に作り出した家畜は豚であったことになる。

一方、猪の家畜化が新石器時代を中心に行われていた証拠は、世界各地で発見されている。イスラエルのヨルダン渓谷にあるジェリコ遺跡では、紀元前六〇〇〇年ごろの地層から豚の骨が見つかっている。前五〇〇〇年のスイスの湖上住居では、猪の特徴を示す優美で小作りな豚が見つかり、泥炭豚と命名された。これは家畜化の初期の豚とみなされており、由来ははっきりしないが東方からスイスに持ちこまれたものと推測されている。前四〇〇〇年ごろにはメソポタミアの農民が豚を飼育していた痕跡がある。また前三〇〇〇年ごろにはエジプトで、前二〇〇〇年前後にはアジアの東南部や中国で、それぞれ豚が飼育されていた痕跡がある。

日本では、新石器時代の縄文遺跡の貝塚から猪の骨が多く発見されている。貝塚から出土する獣の骨は特別なものでない限り猪に間違いないとまで言われており、縄文時代から猪を飼う風習があったと考えられている。弥生時代や古墳時代になると猪の飼育はかなり盛んになり、猪養部《いかいべ》という専業集団が生まれている。飼育といってもこの当時のものは猪であって、今で言えば原始的豚とみなされている。中国では「猪」は豚を意味しており、猪を「野猪」、豚を「家猪」と表す場合もある。

豚は定着型農耕社会には受け入れられやすい動物だったが、遊牧型社会には適していなかった。そのため家畜としての豚は、農耕を行いながら移動する民族であるスラヴ人やケルト人によって、西部アジアからヨーロッパに広がったと考えられている。

一方、イスラム圏では豚は不浄なものとみなされている。この理由としてはいろいろな説があるが、『家畜の歴史』の著者ゾイナーは、オーストリアの動物学者オットー・アントニウスによる以下の説がもっともらしいと述べている。いわく、豚という動物はその生態から定着性の農耕民にしか価値がない。農耕民族に対して常に優越感を抱いていた遊牧民は、豚を飼育する農耕民族ばかりか豚をも軽蔑するようになり、遊牧民は自分たちが繁殖・飼育できなかった豚を宗教的禁止にまで拡大させたというものである。

現在、日本だけで二億羽近く飼育されている鶏を別にすれば、豚は家畜のなかでもっとも飼育頭数が多い動物であり、全世界では約一〇億頭にのぼる。特に中国での飼育数は約四億頭と、世界の約四〇パーセントを占めている。農林水産省の統計によれば、日本での飼育数は年間だいたい一〇〇〇万頭である。

豚は生まれて約八カ月で性成熟し、妊娠可能となる。妊娠期間は一一一日から一一九日、平均一一四日、すなわち約四カ月ほどである。一回の出産で三頭から一三頭の子豚を生む。一年に二回の出産が可能であるため、一頭の雌から年に二〇頭前後の子豚が生まれると期待できる。

現在、豚には三〇あまりの品種があり、後述するベンチャーのイムトラン社はランドレース種を移植用に取り上げた。この豚は、一九世紀半ば、デンマークで現地の在来種に英国の大型ヨークシャー種を交配して作られた品種である。大型で体はすんなり伸びた流線型、顔が長く鼻はまっすぐといった特徴がある。食肉用の豚として代表的な品種で、日本でもたくさん飼育されている。ランドレース種は大型なので、成熟すると雄は三三〇キログラム、雌は二七〇キログラムに達する。一腹からの産子数は平均一一頭と多産で、また哺育能力がすぐれていることなどから、遺伝子導入にこの品種が選ばれたものと思われる。移植用にどの月齢を用いるかは目的によって異なるが、二カ月齢での平均体重は三〇キログラム、五カ月齢では七〇キログラムで人の体重に近いサイズであることから、このあたりの月齢の豚が多く用いられることになるだろう。

移植用にはランドレース種以外の豚も対象になりうる。医学研究用には、すでに一九六〇年代ごろから実験動物として使いやすいように何種類もの小型のミニ豚が開発され、広く用いられている。米国では移植の研究用として、中米ユカタン半島の在来種由来のユカタン系ミニ豚が広く使用されている。そのほか、ベトナム在来種にドイツのランドレース種を交配して作ったゲッチンゲン系、米国フロリダ湿地の在来種由来のピットマンムーア系など、いろいろなミニ豚が開発されている。

私が勤務していた日本生物科学研究所でも、台湾の在来種で耳が小さい小耳種にピットマンムーア系を交配させた、ＮＩＢＳ系というミニ豚を開発している。この名前は研究所の英文名“Nippon Institute for Biological Science”の略称に由来している。ミニ豚はランドレース種よりは繁殖の効率がやや悪いものの、成熟しても人の成人の体重とほぼ同じ七〇キログラムくらいであり、また医学研究用動物としてのデータも多く蓄積されている。今後はこうしたミニ豚の移植目的での利用も盛んになると思われる。

生物医学研究での有用性

前述の通り、豚は、食肉用としてだけではなく、生物医学研究目的でも広く使用されている。その理由の多くは、ドナー動物に選ばれた理由と重なる。実験動物の観点から見た豚の特徴についてもふれておこう。

豚は次に述べるような医学研究上の利点があるために、これまで実験動物として広く用いられてきた。一般的に実験動物としてはマウスとイヌが多く用いられているが、このうちイヌの利用に対しては動物愛護や動物福祉の面から批判が強まってきている。それに伴い、豚は食用動物であるために心理的抵抗感が少ないこともあり、イヌの代わりとしても利用されるようになってきている。

実験動物としての豚の特徴は、人に似ている点が多いことである。まずサイズが人に近い。活動性も似ている。実験にもっとも多く利用されるマウスやラットは夜行性の動物だが、豚は人と同様に昼間に活動する。また、時期によって定住地を変えるような移動性もない。食餌は人と同様に雑食性で、肉食動物であるイヌや草食動物である牛と異なる。そのため、消化器や腎臓の機能に人と似た面が多い。臨床検査をしてみると、血液の生化学値も人に似ている面が多い。おもしろいのは、大食いでしかもアルコールを好むことである。そのために肥満になりやすく、心臓や血管系の病気になりやすいという点も人と似ている。

心臓血管の構造や生理機能の面でも人と類似しており、心臓のサイズは人に近い。また心臓の冠状動脈の構造は人に非常によく似ていて、血管造影で見ると人のそれと区別が難しい場合も多い。腎臓の形、体重に対する腎臓の重量比も人に似ている。尿の濃度も人に近い。人の腎臓は髄質に腎錐体《じんすいたい》という単位構造が多数存在していて、その間を皮質が埋めているという構造だが、一三〇種類以上の哺乳動物を調べたところ、人と同じ構造のものは豚だけであったという。

皮膚もまた、形態、組織構造、生化学的性状や生理学的性状の面で、人の皮膚に非常によく似ている。皮膚からのさまざまな物質の吸収状態を多くの動物種で比較すると、一番人に似ているのはサルで、豚はそれについで人に近い。しかもサルとは異なり、毛はまばらで表皮は比較的厚いといった研究上の利点があり、化粧品をはじめとする皮膚に塗る薬などの研究に最適の動物である。

こうした特徴から、豚は、アルコール、カフェイン、タバコ、食品添加物、環境物質などの健康への影響を調べる研究や、動脈硬化症、高血圧、出血性低血圧など多くの病気の研究に利用されている。

代替臓器としての可能性

いくら豚が人と類似していると言っても、それはその臓器を人に転用できるほどなのだろうか。乗り越えなければならない課題は、どの臓器を移植するかによってさまざまである。ここでは心臓、腎臓、肝臓、肺の四つの臓器について、人の代替臓器としての可能性を追ってみよう。

まず心臓は、血液循環のポンプとしての物理的機能が主である。比較的単純な機能の臓器であることから、豚由来の心臓であっても人の体内で機能する可能性があるともっとも期待されている。しかし、豚の心臓がスムーズに生着した場合、レシピエントが小児のように発達期であれば、成長に伴って豚の心臓の大きさが成長するかという問題が存在する。また、豚の心臓の成長する速度とレシピエントの身体の成長速度が異なる場合にはどうなるのか、という問題もある。

これらの研究を進めるには、豚に対して遠縁種で、人と同様に超急性拒絶反応も起こるサルでの動物実験が不可欠である。まだ限られた実験成績にすぎないが、サルの身体のなかで豚の心臓が成長するという結果も観察されている。また、移植された臓器が成長しすぎた場合や、あるいは機能障害を起こした場合には、新しい臓器に取り替えればよいといった議論も出てきている。従来のように、善意で提供された人の臓器を用いる移植では生じなかった新しい問題にも取り組まなければならないだろう。

次に腎臓は、体内の老廃物を濾過するフィルターの役割が主であるため、心臓の場合と同様に機能すると考えられる。しかし、尿酸のような物質の濾過は物理的なものではなく、生化学的反応によるものである。また、人の腎臓では尿酸の九〇パーセントが濾過されるのに対して、豚の腎臓では逆に分泌されるという生理学的な違いも指摘されている。動物種の間に見られるこのような差異が、実際の移植の場合にどのような意味をもつことになるかは今のところまったく不明である。

肝臓は血液の大樹とも言われるように、複雑な血管ネットワークで形成された臓器である。大樹の幹には肝門脈と肝動脈が、その末端には大樹の葉として四〇万ないし五〇万個の肝小葉が存在する。さらに一個の肝小葉は五〇万個の肝細胞から成り立っており、肝臓全体の細胞数は約二五〇〇億個にものぼる。

個々の小葉は五〇〇〇種類もの工程にわたる化学反応をきわめて高い効率で行っている。口から摂取した糖分、タンパク質、脂肪は、胃腸でそれぞれブドウ糖、アミノ酸、脂肪酸などに分解・吸収され、肝臓に運ばれる。肝臓はそれらをタンパク質やグリコーゲンに再合成して貯蔵し、それらを全身の三七兆におよぶ細胞へと必要に応じて供給する。また、有害物質を分解する解毒の働きや、血液凝固因子など多数の複雑な働きを担う物質の産生も受けもっている。肝臓は非常に複雑で精緻な仕事を行う一大化学工場と言える。

肝硬変などの病気によってこうした機能が重度に障害されると、循環血液中のアンモニアなどが分解されずにそのまま脳に運ばれてしまい、昏睡状態となる。このような場合に、体外で豚の肝臓の血管に人の血管をつないで還流させ、血液を清浄にする治療が実験的に試みられている。しかし、これは一時的に解毒機能を代行させているにすぎない。

移植された豚の肝臓が、化学工場としての複雑な機能を人の体内で恒久的に果たせるかどうか、また、産生される豚由来の血液凝固因子が人の体内で正常に機能しうるかどうかなど、解決しなければならない問題をいくつも抱えている。肝臓の移植は非常に難易度が高いと言えるだろう。

呼吸器系の中心臓器である肺は、主にガス交換の機能を担っている。収縮と拡張によって血液に酸素を供給し、二酸化炭素を放出するという機械的な臓器であり、その点では心臓と同様に人の体内で機能することが期待される。ただし、肺は気管を経由して常に外界にさらされている。そのためほかの臓器とは異なり、移植された豚の肺を無菌的に保つことが不可能であるという難しい問題を抱えている。

SPF豚の生産方式を応用したDPF豚

異種移植の際に問題となるのは、人とドナー動物の臓器の相違点だけではない。前章で見た通り、ドナー動物が感染している病原体が人に新たな病気を起こす可能性がある。

畜産の領域では、健康な豚を繁殖・飼育するために、豚をウイルスや細菌の感染から防ぐことが非常に重要な課題になっている。特に生まれてまもない時期の子豚は微生物に対する感受性が非常に高く、親豚ならば病気にならないような病原性の低いウイルスなどでも病気になりやすい。子豚のそうした特徴を利用したワクチン開発などの研究も古くから行われている。ただし、子豚を実験動物として用いる場合にはある問題があった。生後の免疫の強化である。

人の胎児の場合は、母親の胎内で母親の持っている抗体が受け渡される。胎児の側には三層の組織が存在するが、母親の血液中の抗体のかなりの部分はここを通過して、胎児の血液に移行する。そのため生まれた時には、乳児はこの移行抗体によってさまざまな感染から守られている。この移行抗体は生後一年くらいで消失し、それ以降は自分の免疫系が抗体を産生する。

一方、豚の胎盤の構造は人と異なり、胎児側の三層の組織に加えて、母親側にも三層の組織がある。つまり、胎児と母親の血液の間には六つの層の組織がある。そのため、母親の血液中の抗体は子豚に移行できず、生まれたばかりの子豚は微生物感染に対し無防備の状態となっている。だが、生まれてすぐに飲む母親からの初乳のなかに多量の抗体が含まれている。子豚はこれを飲むことで母親の抗体をもらい、外界から侵入するさまざまな微生物感染から免れることになる。このような計六層の胎盤構造をもっているのは、豚と馬だけである。なお、牛や羊は四層から五層の胎盤構造をもっており、この場合にも母親の抗体が初乳を介して移行する。

初乳を飲んでしまうと抗体による免疫ができるため、実験動物として子豚を用いてウイルス感染などの実験することができない場合がある。それを避けるためには人工哺乳をしなければならない。また、自然分娩をさせると、豚舎の環境では出産の際に細菌などの感染が起こりやすいことも問題であった。

子豚が生まれてくる前、すなわち妊娠中の母親の子宮のなかは無菌の状態である。そこで、ここから人為的に胎児を取り出し、清浄な環境で飼育する方法が一九五〇年代はじめに考え出された。この方法は、マウスなどの小型の実験動物では無菌動物を作るためにすでに採用されていたものだが、家畜としては豚で初めて採用された。

このように、妊娠末期の健康な母体からの子宮切断、または帝王切開で胎児を無菌的に取り出し、病原体の汚染防止が図られた清浄な環境で飼育される動物をＳＰＦ動物*と呼ぶ。「清浄」という言葉から勘違いされやすいが、これは無菌豚ではない。ＳＰＦ豚では、病原体の感染は防止されているが、身体にとって有用な腸内細菌などは棲みついているからだ。

私は一九六一年から六四年の間、カリフォルニア大学でSPF豚を用いて、豚にポリオ様の病気を起こすブタエンテロウイルスの研究を行っていた。ちょうどSPF豚の技術が広まり始めた時期である。その方法は、簡単に説明すると、妊娠末期の分娩直前の雌豚に炭酸ガスで麻酔をかけ、子宮切断で豚胎児を取り出し、無菌アイソレーターに入れて人工乳で哺育するというものだった。

SPF豚の生産は、一九六〇年代に入って米国をはじめヨーロッパで広まっていった。日本では一九六六年に最初のSPF豚が農林水産省家畜衛生試験場で作られた。実用化の見通しがたった六九年には日本SPF豚協会が設立され、以来、養豚の新しい技術として受け入れられてきた。帝王切開によって子豚を取り出すのは最初の世代だけで、以後は清浄な環境のもとで自然分娩によって生産する方式である。SPF豚は微生物感染がコントロールされており、しかも生産性や経済性の面でもすぐれていることから、食用に広く用いられるようになっている。

このSPF豚の技術が、移植用豚に応用されている。移植用豚では、後述するように、どのウイルスや細菌に感染していてはならないかが具体的に決められている。そのため、DPF（designated pathogen free: 指定された病原体が存在しない）豚と呼ばれている。

移植用のDPF豚の最初の個体となる豚も、帝王切開で生まれる。これを種豚として、以後は自然分娩で生まれる子豚を移植ドナーとして外界からの感染のない環境で飼育する。病原体からの感染防止を図る一方、動物福祉の観点から豚に快適な飼育環境を保持することも求められる。感染防止と快適な飼育環境、この二つが同時に満たされなければならない。

DPF豚の飼育環境は、食用のSPF豚の狭い飼育環境とはまったく異なっている。現在、一般的に考えられている対策を挙げてみよう。

移植用の豚を飼育する際には、外部からの病原微生物感染が起こらないよう、さまざまな配慮が必要となる。飼育室には細菌やウイルスを捕捉できる超高性能フィルターで濾過滅菌した空気を送りこむ。部屋の内部は陽圧に保って、外からの空気が直接入りこまないようにする。水も処理し、微生物汚染がないことを確かめる。餌はすべて滅菌したものを用いる。後で改めて述べるが、特に餌からプリオン病に感染する可能性をなくすために餌は完全な植物性とし、動物由来のものは用いないことが重要である。タンパク質も植物性のものを用いる。つまり、徹底したベジタリアンの豚として育てられる。

衛生環境を守るためには、豚だけでなく飼育にかかわる人の衛生管理も非常に重要となる。たとえば、インフルエンザウイルスを飼育員が持ちこんで豚に感染を広げることがないようにしなければならない。風邪をひいた際にも飼育の仕事は控えることになるかもしれない。C型肝炎ウイルスやHIV（ヒト免疫不全ウイルス）に感染している人（キャリアー）の関与はもちろん避けなければならないが、これも人権侵害にならないような配慮のもとに検査を行わなければならない。

＊（七七頁）SPFは「specific pathogen free（特定病原体が存在しない）」という意味である。ただし実際には、排除すべき病原体は特定されていない。

家畜由来の病原体を持ちこむ可能性を排除するために、飼育にかかわる人が自宅で牛や豚、山羊などの家畜を飼うことは許されないであろう。自宅の家畜では特に病気を起こすほどのものではなくても、そのウイルスが飼育員の衣服や持ち物といっしょに運ばれ、移植用豚の飼育環境に持ちこまれることを防ぐためである。

こうした考え方は、欧米の家畜の生産施設や病気に関する研究所では古くから根づいており、従業員に対する家畜飼育の禁止措置だけでなく、外部からの訪問者にも適用される。施設を訪問する際は、一週間以内に家畜の農場などを訪問していない旨の申告をしないと、家畜の飼育場所に入れてもらえないのが普通である。移植用豚の生産に従事する場合は、規制や管理がさらに厳重となるであろう。自宅でのペットの飼育も禁止されるかもしれない。移植用豚の衛生管理を徹底させていくと、従業員個人の生活をどこまで束縛できるかという微妙な問題につながる可能性もある。

動物福祉の観点からは、豚にとって快適な環境をいかに保持するかも非常に重要である。動物福祉の問題は後の章でまた詳しく取り上げるが、欧米ではこの側面の法的基盤も早くから整備されている。英国は動物福祉では世界中でもっとも古い歴史をもつ。動物虐待防止法が一八七六年に作られ、ついで動物保護法が一九一一年に制定されている。また、ヨーロッパ連合の発足を控えた九一年、ヨーロッパ共同体の理事会は家畜の福祉についての指針を作成した。英国ではこれに基づいて九四年、家畜福祉に関する規制が新たに施行されている。したがって、移植用豚の飼育もこれらの法律や規制に従って行われることになる。

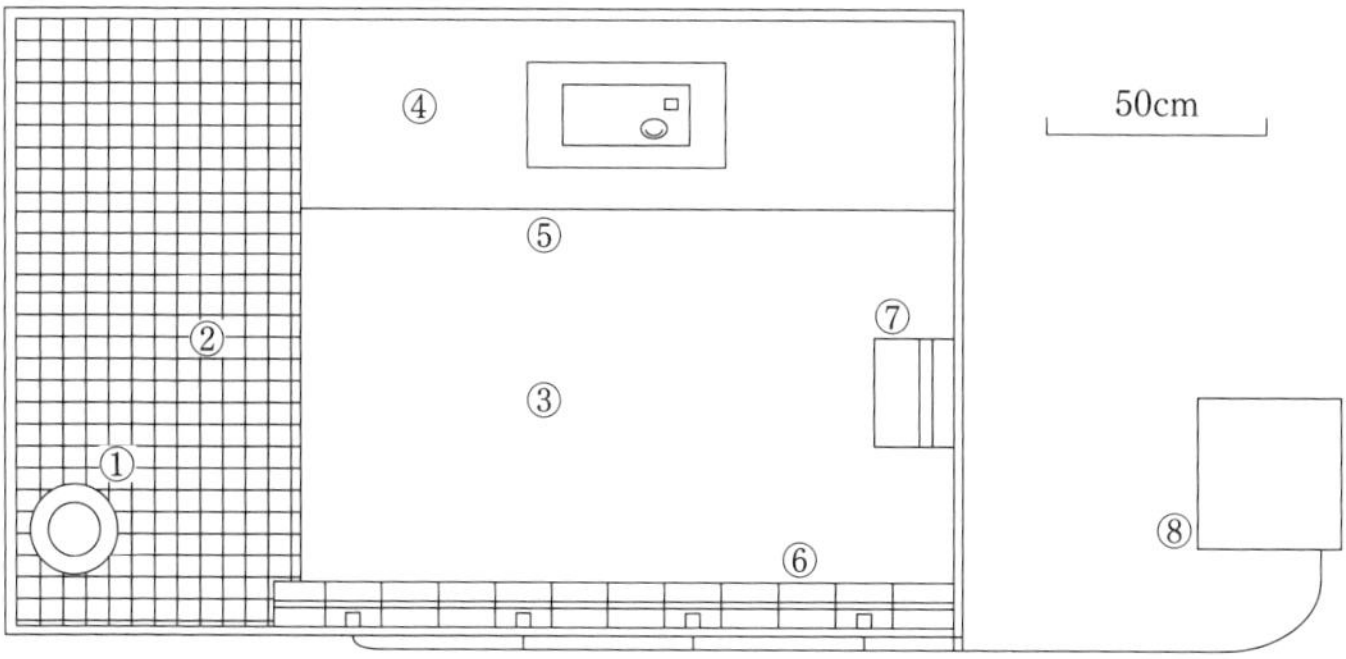

図7　動物福祉を考慮した豚の飼育システム
①水飲みボウル ②排泄場所 ③固い床 ④ベッド区域 ⑤仕切りカーテン ⑥餌箱 ⑦固形飼料入れ ⑧自動給餌装置

動物福祉の観点を考慮した豚の飼育システムとしては、ドイツのニュルティンゲン＝ガイスリンゲン経済環境大学で考案されたものがある（**図7**）。このシステムは、空調のきいた建物のなかで豚を飼育するために設計されたもので、睡眠のための暖かいベッド、遊び場所、餌を食べる場所、水飲み場、排泄場所が設けられている。

具体的には、ベッド区域はすだれのようなカーテンで仕切られ、やや低めの湿度に保たれ、豚が快適に眠れるような広さである。ベッドの温度はベッドの外の温度より若干高めに調節されており、ベッド区域を出ると、涼しくかついくぶん高い湿度の空気を吸えるようになっている。

温度・湿度の調節と空気の交換は、豚の健康と快適性の面で多くの利点をもっている。すなわち、ベッド区域は暖かくかつ低い湿度に保つことで、細菌の増殖が抑えられる。豚はベッドの内外に体を動かすことで、体温調節が可能である。食事、遊び、排泄などは涼しい場所を、眠るには暖かい場所をそれぞれ使える。涼しくて新鮮な空気を呼吸できるため、肺の健康を維持できる。この飼育システムは豚に快適な環境を与え、健康維持にもよい結果をもたらすことから、イムトラン社ではこれを移植用豚の生産に採用していた。

このように、移植用のＤＰＦ豚は、人の身体の一部分の機能を担う特別な生きものとして、従来の家畜の概念を越えた存在になろうとしているのである。

83

第5章　超急性拒絶反応

　過去の歴史をみる限り、動物の臓器の人への移植は非常に困難であった。これは第2章ですでに紹介した通りである。人に移植された動物の臓器は、異種間で起こる超急性拒絶反応によってただちに排除されてしまうのが常であった。

　だが一九九〇年代になって、その難題を解決する突破口が開かれた。異種動物間での超急性拒絶反応のメカニズムが、研究によって急速に解明されてきたのだ。超急性拒絶反応は異種移植に特有の現象であり、その実現を阻む最大のハードルの一つである。その解明と解決策の出現によって、異種移植は臓器不足を解決するもっとも有望な方法であり、現実的な手段になりうると考えられるようになっていった。

超急性拒絶反応のメカニズム

腎臓や肝臓の移植医療が確立されたきっかけは、すぐれた免疫抑制剤によって拒絶反応がコントロールできるようになったことであった。ただしそれはあくまで同種移植に限った話である。移植における拒絶反応は一様ではなく、同種移植と異種移植とでは異なった反応を見せる。

同種移植とは、同じ動物種の間での移植、たとえば人の腎臓を別の人に移植する場合を言う。これに対して、異種の動物同士、たとえばヒヒと人間の場合は異種移植と言う。また、異種間の臓器移植のなかでも、チンパンジーやヒヒは人と同じ霊長類なので、近縁間の異種移植になる。一方、豚の臓器を人に移植する場合は、遠縁間の異種移植になる。

同種移植での拒絶反応には、移植後六カ月くらいまでの間に起きてくる「急性拒絶反応」と、さらにその後、年単位で起きてくる「慢性拒絶反応」とがある。いずれも主にリンパ球の働きによる免疫反応で、移植された臓器を異物とみなし、排除しようと攻撃することから起きる。その結果、移植された臓器の組織は破壊され、臓器は死滅してしまう。このような反応を免疫抑制剤で抑えることにより、拒絶反応を回避しているわけである。

一方、遠縁間の動物での異種移植の場合には、臓器が移植されると数分以内に急激な拒絶反応が起きてくる。非常に急速に起きることから「超急性拒絶反応」と呼ばれる。同じ異種移植であっても、近縁間の場合には、超急性拒絶反応は見られない。

第4章で述べた通り、さまざまな理由から豚がドナー動物として最適である。ただし豚は、拒絶反応に限って言えば、むしろハードルの高い動物なのである。

一つの実験例を挙げよう。豚の腎臓をサルに移植すると、サルの血液が流れ込むのと同時に、豚の腎臓に血の気が戻り、尿が出始める。これは移植された腎臓が機能し始めた証拠である。しかし、数分もたたないうちに腎臓の表面に黒ずんだ斑点が現れる。これはサルの血液中の「補体」と呼ばれる成分を介しての反応で、腎臓の血管に孔があき、そこで血液が凝固し始めることで起こる。尿の出がだんだん悪くなっていき、やがてまったく出なくなる。これは、超急性拒絶反応で腎臓がまったく機能しなくなったことを示す。

したがって、遠縁の動物間での移植を成功させるためには、この超急性拒絶反応をいかに回避するかが最大のハードルとなる。これが、異種移植研究の最大の焦点である。むろん、この回避に成功してもその後に急性拒絶反応が起きてくる。さらに、長期間臓器が生着しうるようになれば、今度は慢性拒絶反応も起きることが予想される。しかし、こちらの問題への取り組みは始まったばかりである。

一九六〇年代から、人とサルの血液中には豚に対する抗体が存在していることが知られ、抗体の標的となる抗原は豚の血管の内側に存在する糖の分子であると推測されていた。そして、超急性拒絶反応は、抗原としての糖分子に抗体が結合して生じる抗原－抗体複合体に、補体と呼ばれる血液成分が働いて起こる一連の連鎖反応により、豚の臓器が破壊されるために起こると考えられていた。ただし、具体的に抗原が何なのかはわかっていなかった。

人の胎児の免疫系は、母親の胎内にいる時、外界の影響を受けることなく育っていく。胎児の免疫系が母親の胎内で接触する抗原のほとんどは、実は自分の身体が形作られていくための成分である。これらの抗原は自己とみなされ、異物とはみなされない。すると、生まれた後も、その抗原にふたたびさらされても抗体はできてこない。自己の抗原は免疫反応による攻撃を受けないことになる。これが前に述べた免疫寛容という現象である。

胎児の時期には抗体は作られないが、生まれてから外界にさらされると、いろいろな抗原の刺激を受けて初めて抗体が作られていく。外界で出会う細菌、ウイルス、寄生虫などの微生物感染をはじめ、さまざまな形で抗原刺激を受ける。腸内にも非常に多くの細菌が棲みついて腸内細菌となっており、これらも抗原として免疫系を刺激することにより抗体ができてくる。食物も抗原となる。こうして、われわれの血液中には多くの種類の抗体が作られている。これらをまとめて自然抗体と呼ぶ。豚に対する抗体も、自然抗体のひとつである。

一九九一年、米国オクラホマ移植研究所のバプティスト医療センターの心臓外科医デイヴィッド・クーパーらは、豚に対する抗体の標的となる抗原は、糖の一つであるα-1・3ガラクトース（以下、αガラクトース）であることを明らかにし、ミネアポリスで開かれた第一回国際異種移植学会で発表した。この発見が、異種移植研究における大きな突破口になった（図8）。

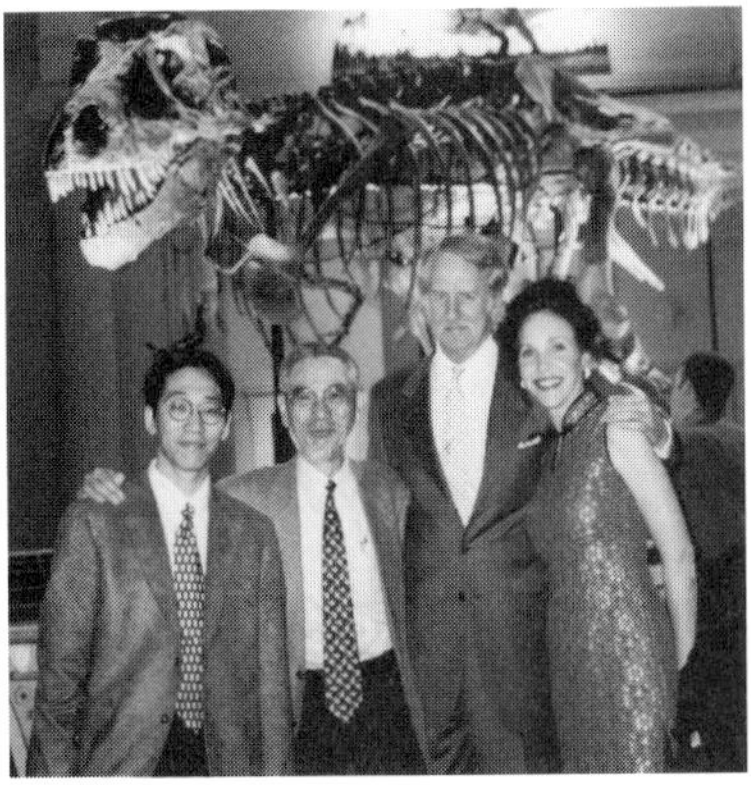

図8　（右から）クーパー夫妻、著者、小林孝彰愛知医科大学教授
デイヴィッド・クーパーは、現在はロンドン大学キングス・カレッジの一部であるガイズ病院を卒業したのち、1980年から、最初の心臓移植を行ったことで有名な南アフリカ、ケープタウン大学のクリスチャン・バーナード教授の下で心臓移植の責任者をつとめた。そして1987年、米国オクラホマ移植研究所に転勤し、5年目にαガラクトースの役割を発見した。その後は研究に専念し、ハーバード大学マサチューセッツ総合病院、ピッツバーグ大学、アラバマ大学教授を経て2021年からふたたびマサチューセッツ総合病院に戻り、異種移植研究の最前線を走り続けている。また、小林教授はクーパー門下で、日本における異種移植の第一人者である。写真は、クーパーを会長としてシカゴで開かれた2001年の国際異種移植学会の、フィールド博物館での懇親会で撮ったもの。

超急性拒絶反応を回避する手段

クーパーらの発見をきっかけに考案された、超急性拒絶反応を回避するための具体的戦略について、やや専門的になるが、その内容を簡単に整理してみよう。

タンパク質では、多くの種類の糖類が鎖状に結合して立体構造が形作られており、これを糖鎖と呼ぶ（**図9**）。αガラクトースはこの糖鎖の末端に付着している物質のひとつである。この物質は、豚をはじめとするほとんどの哺乳動物が体内にもつ成分のひとつでもある。したがって、豚などはこの物質に対して免疫寛容の状態となっており、この物質に対する抗体はもっていない。ところが、哺乳動物のうち人とサルにはこの物質が存在しない。免疫寛容がないため、生まれてからこの物質に対する自然抗体が作られる。人の場合、αガラ

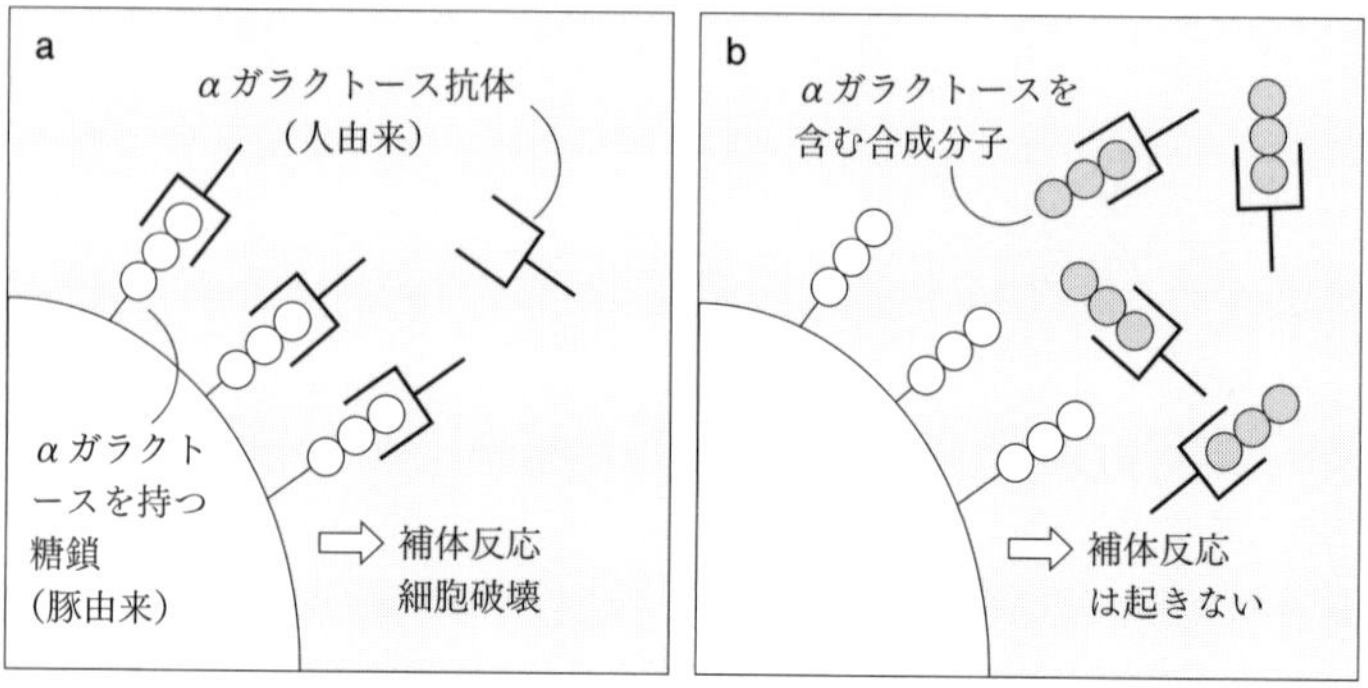

図9　超急性拒絶反応のしくみ
豚由来の血管に人由来の血液が流れると、血管内面にあるαガラクトースを持つ糖鎖に、αガラクトース抗体が結合し、補体反応が進み、細胞破壊に至る（a）。たとえば、αガラクトースを含む合成分子をあらかじめ投与しておくと、αガラクトース抗体が消尽され、補体反応を防げる可能性がある（b）。

クトースの抗体は血液中のすべての抗体の約一パーセントをしめるくらいに、大量に存在する（**図10**）。

一方、血液中には補体と呼ばれる一群のタンパク質がある。これは、一九世紀末、病原細菌の研究中に、新鮮な血清のなかから細菌を溶解させる物質として発見された。当時すでに免疫血清中の抗体が細菌を溶解させる現象が知られていたが、何がこの現象を起こしているのかはわかっていなかった。この新鮮血清中の物質は、抗体と細菌の反応を補うという意味で「補体」と命名された。補体は、血液凝固作用をはじめとするさまざまな免疫反応にかかわっているが、もっとも重要な役割は、抗体と共同で細胞破壊を引き起こすことである。

さて、人に豚の臓器を移植した時に何が起きるか考えてみよう。人の血液中にはαガラクトースに対する自然抗体があり、一方、移植された豚の臓器の血管壁を形作っている内皮細胞にはαガラクトース

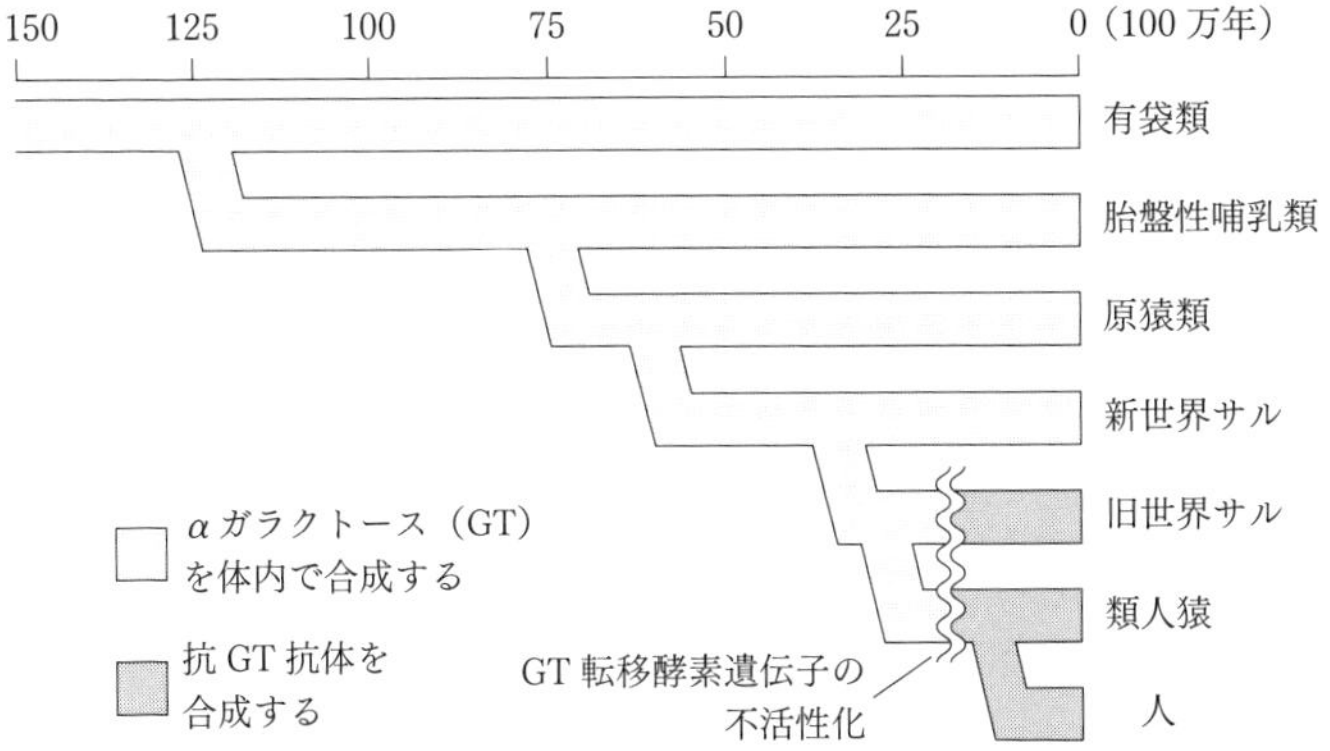

図 10　進化の過程で失われたαガラクトース
αガラクトースに対する抗体を保有するのは、旧世界サル、類人猿、および人間だけである。そのほかの哺乳類は、有袋類も含めていずれも抗体をもっていない。その理由として、イスラエル生まれの科学者ユリ・ガリリは、かつては旧世界サルや類人猿もαガラクトースを作る GT 転移酵素遺伝子をもっていたが、進化の過程で、αガラクトースを発現する未知の微生物による感染を受け、転移酵素遺伝子の機能を失ってαガラクトースに対する抗体を産生できるようになったサルだけが生き延びたという仮説を立てている。そして、旧世界サルと類人猿、その子孫である人間だけにその特徴が受け継がれたというわけだ。GT 転移酵素遺伝子の不活化は、3000 万年から 4000 万年前に新世界サルと旧世界サルが分岐した後に起きたと推測されている（U. Galili: *Science and Medicine,* 5, 28–37, 1998 を改変）。

が存在する。人の自然抗体が豚のαガラクトースに結合し、これに補体が加わって、一分とたたないうちに抗体と補体の共同作用による細胞破壊のプロセスがはじまる。まず血管の内皮細胞が破壊され、血管壁に孔があいて血液が流れ出す。この孔を埋めて血液が流れ出るのを止めようと血小板が血液を凝固させる。凝固した血液は豚の臓器への血液の供給を止めることになり、臓器は死滅する。これが超急性拒絶反応の主なメカニズムと考えられている。

こうしたメカニズムが明らかになったことで、超急性拒絶反応を回避しうる可能性が生まれてきた。

すなわち、異種移植をはばむ難題の解決法が、自然抗体と補体の反応をいかに抑えるかということに絞りこまれたのである。

単純に言えば、手段としては三つの選択肢が考えられる。それは、(1)自然抗体が豚の臓器に結合するのを阻止する、(2)補体をなくす、(3)自然抗体と補体の間の反応を抑える、の三つである。順に検討してみよう。

第一の手段について。人の血液中の自然抗体を、移植された豚の臓器に結合しないようにするには、抗体が結合する標的であるαガラクトースを豚の組織からなくしてしまうことが最善である。つまり、αガラクトースを作るガラクトシル転移酵素の遺伝子を人為的に破壊した豚を作り出せば、その臓器にはαガラクトースはできてこない。

このように特定の遺伝子を破壊した動物は、ノックアウト動物と呼ばれる。一九九〇年代にはこの技術はマウスのみで可能で、豚ではまだできていなかった。後述するように、ノックアウト豚の作出は二〇〇二年まで待たなければならなかった。

第二の手段は、人がもつ補体をなくすことである。動物実験では、補体を一時的になくすことが可能である。それには、毒蛇コブラの血液から分離したコブラ毒因子という物質を投与すればよい。これは、コブラの補体の重要な成分の一つで、哺乳動物の体内に入ると、破壊されずに哺乳動物の補体を消費しつくすのである。

たとえば豚の臓器をヒヒへ移植する実験では、あらかじめヒヒにコブラ毒因子を投与して補体を欠損させておくと、異種動物の臓器が排除されないことが確認された。コブラ毒因子は毒性があるため人に利用できる方法ではないが、補体が働かなければ超急性拒絶反応が起きなくなることがこの実験で証明された。

第三の手段は、人の自然抗体が豚の臓器に結合しても補体を介した一連の反応が進まないようにすることである。具体的には、人の補体の制御タンパク質の遺伝子を導入した豚を作り出すという方法が考えられる。このような遺伝子改変豚のアイデアは米国のダルマッソらにより一九九一年に発表された。

この第三のアイデアをもっとよく理解するために、補体と補体制御タンパク質について解説しておこう。

一九六〇年代になるとタンパク質の精製技術が進歩し、補体の実体についての研究が進展した。その結果、補体の主成分は九種類のタンパク質から成り立っていることが明らかになってきた。それらは、C1、C2、C3、C4、C5、C6、C7、C8、C9と呼ばれている。Cは「complement（補体）」の頭文字をとったものである。番号は見つかった順に付けられているので、必ずしも反応の順番通りにはなっていない。

その後、九種類の主成分のほかにもいくつかの補助因子が見つかり、現在では補体は全部で約五〇種類もの成分から成るとみなされている。補体については、専門家の間でもわかりにくいという話をよく聞く。補体の成分が多数あるために、それぞれの役割を整理していくと非常に複雑なものになるからである。

ここではあまり複雑な機構は考えずに、補体の働きを基本的には一連の酵素反応とみなしておけばよい。補体はふだん、酵素としての活性を示す前段階の、いわば眠った状態（不活性型）で血液中に存在する。ところが、抗原（豚の臓器移植の場合には血管内皮細胞の表面のαガラクトース）に抗体が結合して、抗原－抗体複合体ができると、これが目覚し時計のような役割を果たし、眠っている補体成分を起こし、この目覚めた補体成分が次の補体成分をというふうに、順番に起こしていく。これを補体の活性化という。

具体的には、抗原－抗体複合体は、まずC1に結合する。その結果、C1の構造が少し変化して酵素としての活性を示すようになる。活性化されたC1はC4に働きかけ、これによって続いてC4が酵素としての活性を示すようになり、これが次にC2を活性化する。このようにして、次々に補体の成分が活性化されていき、最後の産物が細胞に孔をあけて細胞破壊を引き起こす。この一連の反応は、将棋倒しやドミノ倒しを想像してもらえばわかりやすい（図11）。

なお、補体の活性化は臓器移植の時にだけ見られるわけではない。体内ではいろいろな刺激により、低レベルの補体の活性化が常に起きている。もしもその反応が進んでしまうと、自分の細胞を破壊する事態にもなりかねない。これを防ぐために、補体には自己の細胞に対する補体反応を阻止するメカニズムも備わっている。このコントローラーの役目を担っているのが、補体制御タンパク質と呼ばれる成分である。

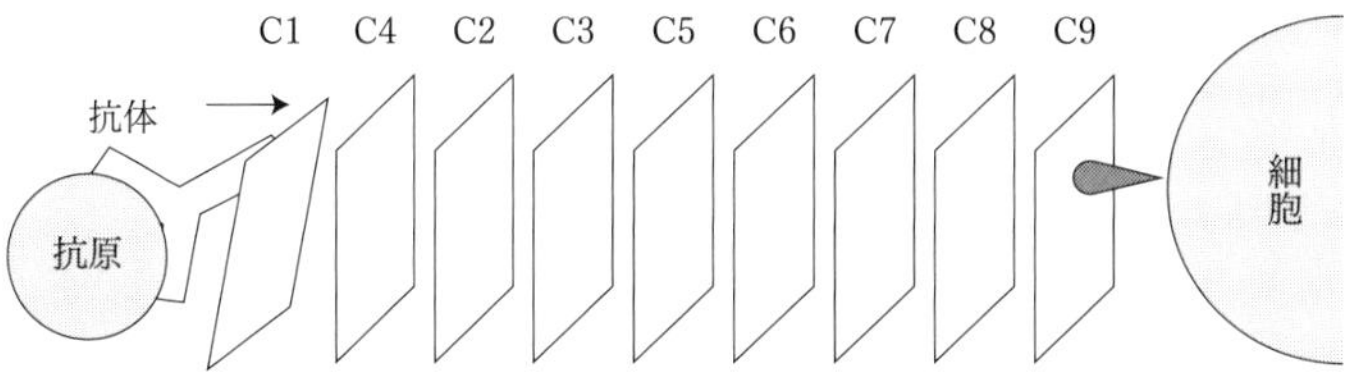

図 11　抗原と抗体の結合をきっかけに、補体の活性化が連鎖することにより、細胞破壊が起きる

この補体制御タンパク質が見出されるきっかけになった重要な発見がある。補体研究の第一人者で、私の古い友人の岡田秀親・名古屋市立大学名誉教授は、一九七〇年代の終わりごろ、補体の反応を研究している過程で、補体による細胞の破壊は、別の種類の動物の補体では起こるのに、同じ動物種の補体では起こらないことを発見した。たとえば、ウサギの赤血球はモルモットや人の補体で破壊されるのに対し、同じ動物種であるウサギの補体には、それが赤血球とは別個体のものであっても破壊されない。そこで、岡田教授は補体が同じ動物種を認識しているという「同種認識」の概念を提唱した。

同じ動物種の補体では細胞破壊が起こらないよう補体の反応をコントロールしている物質、すなわち補体制御タンパク質が発見されたのは八〇年代はじめのことだが、そのきっかけとなったのは岡田教授が唱えた同種認識の概念だったのである。

補体制御タンパク質遺伝子導入豚の開発

こうした研究から、超急性拒絶反応を回避する手段として、人の補体制御タンパク質をもった豚の臓器を利用するというアイデアが生まれた。

このアイデアの基礎を**図12**に示した。通常の豚の臓器を人に移植すると、**図12**のように、αガラクトースに自然抗体が結合し、そこに補体の第一成分であるC1が結合して酵素活性を示すようになる。活性化C1はC4とC2に働いてC4とC2の複合体を作り、これがC3を活性化する。活性化したC3はC5を活性化させ、活性化C5はC6、C7、C8、C9と結合して、大きな複合体を作る。これは膜破壊複合体と呼ばれ、これが細胞膜に孔をあけ、細胞溶解を引き起こす。

これらの反応をコントロールするものが補体制御タンパク質である。主なものとして、DAF(decay accelerating factor, またはCD55)、MCP(membrane cofactor protein, またはCD46)およびCD59と呼ばれる三種類のタンパク質がある。

DAFはC3の活性化を阻止することで、その後の補体の反応を阻止する(**図12**①)。MCPは活性化C3を分解することでC5の活性化を阻止する(**図12**②)。CD59は膜破壊複合体の形成を阻止する(**図12**③)。

これらの補体制御タンパク質は種特異性をもっている。つまり、人の補体制御タンパク質は人の補体の反応を制御するが、豚の補体制御タンパク質は人の補体には働かない。そのため、たとえば豚の臓器を人に移植すると、臓器には豚の補体制御タンパク質ならば存在するのだが、臓器に流れこんできた人の血液中の、人由来の補体に対しては機能せず、**図12**のような一連の反応によって細胞溶解にまで進んでしまうのである。

もしも、豚の血管内皮細胞に人の補体制御タンパク質が存在すれば、人の補体による一連の反応は

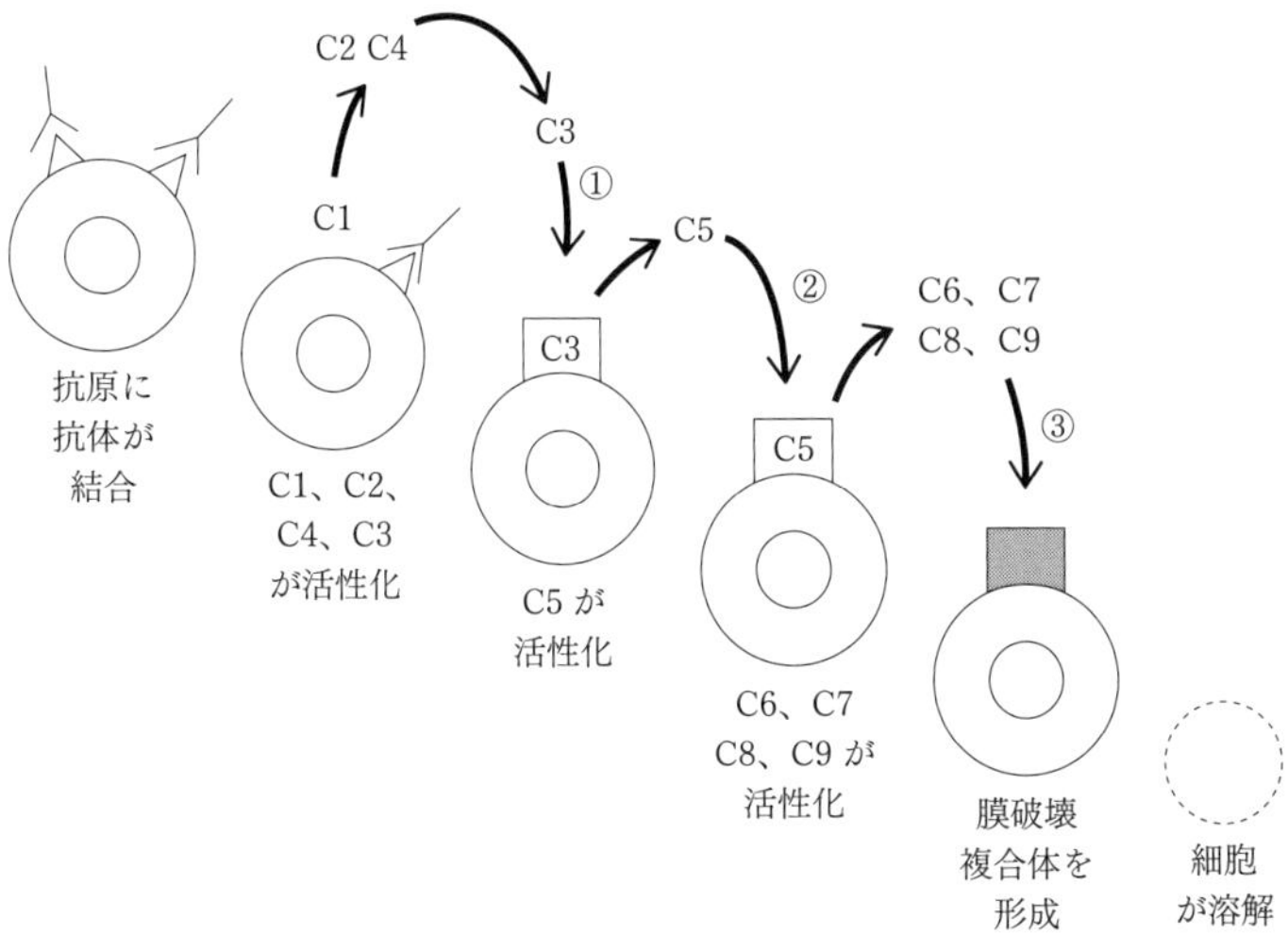

図 12　補体反応の流れと遺伝子導入豚による反応阻止のアイデア
補体反応の流れを示す。ヒト DAF 遺伝子導入豚は①、ヒト MCP 遺伝子導入豚は②、ヒト CD59 遺伝子導入豚は③の反応を阻害することで、細胞の溶解を阻止すると考えられている。

阻止できると考えられる。それには人の補体制御タンパク質をもった豚を作り出せばよい。

本来もっていない遺伝子を人為的に導入する技術は実験用マウスで一九八〇年代から急速に進展してきた。その技術はマイクロインジェクション（微量注入法）によるもので、まず、導入したい遺伝子を含んだDNA溶液を、先端が一マイクロメートル（一〇〇〇分の一ミリ）の微細なガラスピペットに入れる。これを顕微鏡下で、マウスの受精卵でまだ分裂を始めていない一個の細胞のみの段階のものの核内に注入する。注入されたDNAは受精卵の染色体のなかに強引に押し込まれて、マウスの遺伝子の集団のなかに入りこむ。このあと受精卵は細胞分裂を繰り返して胎児となり、やがて一匹のマウスとして生まれてくる。これが遺伝子導入（トランスジェニック）マウスである。この技術を豚に応用すれば、人の補体制御タンパク質遺伝子をもった豚ができることになる。

このアイデアに基づいて、豚へのヒトDAF、ヒトMCP、ヒトCD59それぞれの遺伝子の導入が試みられた。最初に作出されたのはヒトDAF遺伝子導入豚である。

この豚の臓器の血管内皮細胞には、ヒトDAFが存在する。αガラクトースに人の自然抗体が結合し、その結果、C1の活性化が起こる。しかし、その後、C3転換酵素の形成は細胞膜の上の人DAFで阻止され、その後の補体による反応は起こらなくなる。すなわち、超急性拒絶反応が回避できることになる。

ヒトMCPやヒトCD59が存在する場合も、それぞれの過程で補体の反応を阻止できることになる（**図12②、図12③**）。さらに、同一個体にヒトDAFだけでなくヒトMCPやヒトCD59もいっしょに存在すれば、もっと確実に阻止できると期待できる。

ベンチャー企業イムトラン社の設立

この成果によって、多くの人が異種移植を実現可能な技術とみなすようになった。その結果、ベンチャー企業による研究が盛んになり始めた。

これまで紹介してきたように、人の補体制御タンパク質の遺伝子をもった豚を作り出せば、超急性拒絶反応は回避できることが分かってきた。このことを早々と実験レベルで行ったのがデイヴィッド・ホワイトである。彼は試験管内で、豚の細胞に人の補体制御タンパク質遺伝子を入れると、抗体と補体による細胞破壊を阻止できることを確かめた。遺伝子導入豚を作る前に、試験管内の細胞でアイデアの有効性を調べたわけである。

この結果をもとに、ホワイトは異種移植の技術開発に向けて積極的に行動を開始した。まず、ケンブリッジのパップワース病院のジョン・ウォールワークと共同で、ベンチャー企業の設立を図った。そのための資金提供を各方面に要請し、その結果、シクロスポリンの開発で移植医療に深くかかわってきたスイスのサンド社などからの協力を取りつけた。

一九八四年、ホワイトはイムトラン（Imutran）社を設立した。設立時のスタッフはデイヴィッド・ホワイトと秘書ジル・リトルの二名だけであった。この社名は、免疫学（immunology）と移植（transplantation）の二つの言葉を結びつけたものである。私がジル・リトルにたずねたところ、Immutran とmが二つ並ぶのは不適当と考え、mを一つにしたとのことであった。一九八四年と言えば、あのベビー・フェイのヒヒからの心臓移植が行われた年で、全世界が異種移植に注目した時期である。この出来事はイムトラン社の設立をもうながしたと言える。

イムトラン社は一九九〇年代はじめ、人の補体制御タンパク質のDAFとMCPの豚への遺伝子導入を事業として開始した。これは同社設立者のホワイトと、動物バイオテクノロジーを専門とする別のベンチャーであるアニマル・バイオテクノロジー・ケンブリッジ社（ABC）のトニー・タルボットとの共同研究の形である。なおＡＢＣ社はその後倒産したため、トニー・タルボットもイムトラン社に移った。

九二年一二月には最初のＤＡＦ遺伝子導入豚が生まれ、「アストリッド」と命名された。その後、全部で三七頭の遺伝子導入豚が生まれ、そのうち、心臓、肝臓、肺など多くの臓器で実際にＤＡＦが多量に産生されている豚が選ばれた。

この研究に対して、スイスのサンド社は開発された移植用臓器の販売契約を結び、資金面で協力した。サンド社は前述のように免疫抑制剤シクロスポリンを開発した、移植医療の分野で世界のリーダーと自負している企業である。そのシクロスポリンの有効性を見出し、現在の移植技術のきっかけを作ったのもこのデイヴィッド・ホワイトであった。

サンド社は米国でもバイオテクノロジーや移植関連の多くの研究所や会社と提携しているので、イムトラン社の技術をできるだけ早く実用化させるために、一九九六年四月にイムトラン社を買収し、傘下に入れた。さらに同年一二月には同じくスイスにあるチバガイギー社と合併し、社名をノバルティス社に変更して世界第二位の製薬企業となった。この時点でイムトラン社もノバルティス社に属することになった。一九八四年の設立時に二名であったイムトラン社のメンバーは、九四年には二二名、九八年には七四名に増加した。そのうち五四名が研究、二〇名が主に遺伝子導入豚の開発・生産に従事していた。

一方米国でも、八〇年代半ばに、デューク大学のジェフリー・プラットが同様の方法で遺伝子導入豚の開発に着手し、九四年、ネクストラン社というベンチャー企業を設立した。同社には米国の製薬企業バクスター・ヘルスケア社が資金援助をしていた。

イムトラン社、ネクストラン社のいずれも、遺伝子導入豚の心臓をヒヒやカニクイザルに移植する実験に進んだ。九五年には移植された豚の心臓に対する超急性拒絶反応が予想通り回避され、六〇日以上も生着するという結果を発表した。

この段階で、異種移植はきわめて現実的なものとなったかに思えた。しかし、研究から実用化へと進み、それとともに異種移植をめぐる論議が活発になると、とくに豚臓器からの未知の感染症リスクが大きな問題になっていったのである。

第6章　感染症リスク

初期の異種移植では、たとえばベビー・フェイの手術がその代表例であるが、動物の病原体によるレシピエントの感染はほとんど問題視されていなかった。

私の手元に、この手術に関する当時の新聞の切り抜きがある。ベビー・フェイの手術を行ったレナード・ベイリーから直接送られてきたもので、記事の件数は延べ数千にものぼる。私はすべてに目を通してみたが、感染の危険性にふれた記事は皆無であった。

異種移植での感染の問題が本格的に取り上げられるきっかけとなったのは、エイズ患者ジェフ・ゲッティへのヒヒの骨髄移植である（第2章参照）。なぜ、一九八四年のベビー・フェイの手術では問題にならず、一九九五年のジェフ・ゲッティの手術で問題になったのか。その背景を改めて考えてみたい。ベビー・フェイの手術が行われたころの時代状況を振り返るところから始めよう。

エマージングウイルスの危険性

一九八〇年、WHOは天然痘根絶宣言を高らかに発表した。五八年にスタートした天然痘根絶計画は、二〇年ほどで見事に目的を達成したのである。七七年の時点で、天然痘ウイルスは、米国と旧ソ連の研究室に保管されたウイルスを除けば、この地球上から姿を消した。人類史とともにあり、数え切れないほどの人命を奪ってきたこのウイルスに、人間はとうとう勝利をおさめたのである。これに続いてWHOは、次なる目標としてポリオや麻疹《はしか》の根絶計画に取り組み始めた。

ウイルスと並ぶ病原体である細菌も、抗生物質の登場以来、恐れるものではなくなった。多くの細菌感染症は治療可能となり、もはや死に至る病ではなくなっている。感染症は克服するもの、克服できるものであるという楽観的な展望を人々は抱くようになっていた。これが八〇年代の支配的な空気であった。ベビー・フェイの手術は一九八四年、そのような時代の空気のなかで行われた。

しかし、現実にはまったく別の事態が進行していた。一九八一年、米国カリフォルニアなどで未知の感染症が見出された。エイズである。感染は瞬く間に広がり、八四年にはすでに欧米から世界へと蔓延し始めていた。八三年五月、エイズの原因であるHIV（ヒト免疫不全ウイルス）の分離が発表され、この感染症の正体が明らかになった。

以後、未知の感染症の発見が続いた。一九八九年には、米国の首都ワシントンの郊外で、フィリピンから輸入した医学研究用のカニクイザルにエボラウイルス感染が見つかった。七〇年代後半にアフリカで発生し、致死率九〇パーセントとも報じられているウイルスが、思いもよらずフィリピンからのサルによって米国の中枢部に持ちこまれていたのである。公衆衛生の専門家や研究者に大きな衝撃が走った。幸いこのウイルスはアフリカのタイプとは異なり人に病気を起こすことはなかったが、ベストセラー『ホット・ゾーン』にも取り上げられ、社会に強烈なインパクトを与えた。

その後一九九三年には、米国南西部で、頑健な若者が呼吸困難で急死するという不可解な事態が起きた。ほどなく、ハンタウイルス肺症候群という新しいウイルス感染症であることが突き止められた。これは野生の齧歯類シカネズミが保有しているウイルスであり、その後、患者は全米にわたって発生していることも明らかになっていった。

翌九四年にはオーストラリアで馬と人が出血性肺炎で死亡する事件が起こり、これはオオコウモリが保有するウイルスからの感染であることが判明した。新しく出現したこのウイルスは最初に発生が起きた地域の名前をとって、ヘンドラウイルスと命名された。

さらに九五年には、アフリカのザイール（現コンゴ民主共和国）でエボラ出血熱の大規模な感染が起きた。首都キンシャサから四百キロの中都市キクウィトを中心に三〇〇名を超える人が発病し、二四四名が死亡した。エボラ出血熱はそれまでもアフリカ各地で何度か発生していたが、この時は大都市に近い人口過密都市での流行であり、全世界を揺るがす出来事となった。

このように八〇年代後半から九〇年代前半にかけて、危険なウイルス感染症が世界の各地で次々と出現した。そのいずれもが動物から人に感染するウイルスであることから、いわゆる「人獣共通感染症ウイルス」の問題が大きくクローズアップされることになった。

ＷＨＯはこれらの新しく出現したウイルスを総称して、「エマージングウイルス（新興ウイルス）」と名づけ、全世界的な監視体制の確立へと乗り出した。

こうして、天然痘の根絶直後の楽観的なムードは消え失せ、動物由来の未知の病原体に対する危機感が広く共有されていった。ジェフ・ゲッティへのヒヒの骨髄移植は、まさにこうした時期に行われたのである。

異種移植に伴う感染リスクの懸念

九〇年代、ヒヒには人のレトロウイルスに非常によく似たレトロウイルスが存在することが知られていた。そのなかには人に重い病気を起こすウイルスも含まれている。

医学研究用ヒヒのコロニーが、テキサス州サンアントニオのサウスウェスト国立霊長類研究センターにある。このコロニー設立当時のリーダーをつとめたシーモア・カルターは私の古い友人であり、サルのウイルス汚染についての第一人者であった。

彼がまとめたヒヒに感染するウイルスについての一覧表を見てみると、人の単純ヘルペスウイルス、サイトメガロウイルス、ＥＢウイルス、水痘ウイルス、サル免疫不全ウイルス、レトロウイルスの一種であるサルフォーミーウイルス、Ａ型肝炎ウイルス、麻疹ウイルス、レオウイルスなどがある。

一九九二年に二名の患者にヒヒの肝臓移植を行ったピッツバーグ大学のスターツルのグループでは、

ドナーのヒヒについて、上記のウイルスのほかに、C型肝炎ウイルス、脳心筋炎ウイルス、サル痘ウイルス、サル出血熱ウイルス、マールブルグウイルスなどの試験も行うプロトコールを作成していた。また、サルは結核にもかかるためツベルクリン試験も行い、そのほか寄生虫や細菌感染についての試験も行っていた。

この二名の患者について、死亡後に感染の有無が調べられた。その結果、移植された肝臓だけでなく腎臓とリンパ節にも、ヒヒのレトロウイルスであるサルフォーミーウイルスとヒヒ内在性レトロウイルスの遺伝子が見つかり、九八年に報告されている。これは、おそらくヒヒの肝臓からヒヒの白血球が患者のほかの臓器にも広がり、その白血球のなかに潜んでいたヒヒのレトロウイルスが検出されたものと推測されている。すなわち、レトロウイルスが感染しているヒヒの細胞が、患者の身体のいろいろな臓器で共存していたことになる。

ジェフ・ゲッティにヒヒの骨髄移植が検討されていたころには、HIVがサルから人間に伝わった疑いが強くなってきていた。そのため、このヒヒからの臓器移植に対しては、ヒヒからのレトロウイルス感染もありうると指摘する意見がさらに重視されていた。ヒヒの場合は、微生物学的に清浄で汚染のない個体を作り出すことはできておらず、今後も難しい。サウスウェスト国立霊長類研究センターでも、飼育されているヒヒはほとんどが野生のものだった。したがってその臓器を移植すれば、ヒヒのもついろいろなウイルスが人に感染する可能性が問題視された。

ヒヒについては、感染リスクについて解決を見ないまま手術が行われた。では、豚の場合はどうだろうか。食肉用の家畜である豚は、その衛生管理が畜産上の重要な課題となって久しい。長い歳月をかけて衛生的な飼育管理の方式が研究され、確立されていた。その成果として、第4章で述べたSPF豚の生産が普及してきており、実験動物のマウス、ラットを除くと、人以外の哺乳動物ではもっとも清浄な動物となっている。また、豚は医療の分野でもさまざまな目的に利用されている。たとえば豚の膵臓から抽出したインスリンは長年にわたって膨大な数の人々に注射されているし、同様に豚の心臓弁に加工を施した生体弁が一九六〇年代半ばから多くの心臓病患者に移植されているが、安全性について問題になったことはない。

しかし、異種移植をこれらと同列に考えてよいのだろうか。異種移植は、豚の臓器がまるごと人の血管につなげられ、人の代替臓器として生き続けることを目標とする、異次元の医療技術である。これまで人類は豚の臓器が人の身体のなかで生き続けるという事態をまったく経験したことがなかった。しかしとうとう、DAF遺伝子を導入した豚の心臓をサルに移植した結果、最大のハードルである超急性拒絶反応が克服できるかもしれないことがわかると、これが契機となって、次の課題である豚からの感染リスクの検討がいよいよ必要になってきたのである。

では、実際に豚の臓器にウイルスが潜んでいたらどうなるのか。そのウイルスが豚には病気を起こさないものであっても、人に病気を起こすおそれはないか。また、人の身体のなかで増殖したウイルスが、突然変異を起こして新しいウイルスになるおそれはないか。特に、レシピエントは免疫抑制剤により免疫能力が著しく抑えられているため、非常に感染しやすい状態であることも考慮しなくてはならない。さらに、移植を受けた患者の感染被害だけでなく、患者に接触する医師や看護師、検査技師などの医療従事者、また、患者の家族や友人にも感染を引き起こすおそれはないか——などなど、検討すべきことが山積していた。

最悪のシナリオとして、第二のエイズが出現する可能性もあった。つまり、人体のなかで豚のウイルスが変化し、過去に存在しなかった新しいウイルスが出現して、社会的被害にまで発展するおそれはないかという議論まで出てきたのだ。「ネイチャー」誌（一九九八年一月二二日号）の表紙には、トロイの木馬を模した豚がウイルスを人間社会に持ちこむ事態がカリカチュアとして描かれた（**図13**）。

図13　異種移植の特集を組んだ科学雑誌「ネイチャー」の表紙

異種移植安全諮問委員会

異種移植を安全な医療として確立するためには、感染のリスクを科学的に評価し、適切な安全対策をたてることが必須の課題となる。後述するように、一九九六年に英国と米国で異種移植に関する報告書が出され、そこで、異種移植に伴う感染リスクについて検討する必要性が指摘された。

これを受けて、異種移植の技術開発の中心となっていたイムトラン社の親会社ノバルティス社は、一九九七年、異種移植の安全に関する国際的な安全諮問委員会を設立し、三年にわたって、感染の問題について検討を行った。メンバーは、英国グラスゴー大学獣医学部のウイルス学者デイヴィッド・オニオンズ教授が委員長となり、英国、米国、オランダ、ベルギー、日本の微生物学専門家（私）、さらに心臓外科医としてデイヴィッド・クーパーが加わって、総勢一一名で構成されていた（**図14**）。

委員会には、以下の人びとが含まれていた。米国の疾病制圧予防センター（CDC）のウイルス・リケッチア部門長のブライアン・マーヒーは、エボラ出血熱のような致死性の感染症をはじめ、エイズ以外の人のすべての重要なウイルス感染症対策における最高責任者であり、この分野での当時の国際的リーダーであった。そして、人獣共通のウイルスの研究で有名な、オランダのエラスムス大学医学部教授のアルバート・オスターハウスは、一九八八年にアザラシの大量死を招いたエマージングウイルス（アザラシジステンパーウイルス）のアザラシからの分離や、九七年に香港に起きたトリインフルエンザウイルスによる人の致死的感染や急性呼吸器症候群（SARS）の原因解明などで、ウイルスハンターとして知られていた。ベルギーのリエージュ大学獣医学部教授のポール＝ピエール・パストレもメンバーに含まれていた。この三人は、委員会が発足する以前からの、私の親しい友人でもあった。

安全諮問委員会では大きく分けて二つの側面から、安全確保のための議論と検討が行われた。まず

図 14　異種移植安全諮問委員会のメンバー
前列左から、アルバート・オスターハウス、一人置いてエリック・クラッセン、コリー・ブラウン、一人置いてローリー・オライリー。後列左から、トーマス・アレグザンダー、デイヴィッド・オニオンズ、ブライアン・マーヒー、ポール＝ピエール・パストレ、デイヴィッド・クーパー、フィル・マイナー、筆者。

ひとつは、どのような感染のリスクが考えられるのか、すなわち、想定されるリスクの科学的評価を行うことである。もうひとつはそれに対する安全対策であり、具体的には臨床試験実施の際に想定されるリスクをどのように回避するかというリスク管理の方式についてである。

委員会での議論を参考にしながら、微生物学的な安全確保の対策について考えてみることにしたい。

まず、移植用の豚の臓器をどうみなすかというもっとも基本的な問題が議論された。それによって求められる安全基準も変わり、したがって安全対策のレベルも異なってくる。委員会では、移植用の豚の臓器を生物学的製剤として扱うことについて検討を行った。

生物学的製剤とは、ワクチンや血液製剤など、動物、細胞、細菌などの生物を利用して製造される医薬品のことである。日本では、生物学的製剤の基準が厚生省によって作成されており、ワクチンや血液製剤がウイルスや細菌に汚染されていないことを、それに従って確認している。ほかの先進諸国も同様である。

一方、脳死者の臓器は人の身体の一部が善意により提供されるものであり、生物学的製剤とは根本的に異なる。そのため、移植に提供される臓器については、エイズやC型肝炎などの感染症について限定的な安全確認を行うにとどまっている。

もし豚の臓器を生物学的製剤とみなすことになれば、ワクチンや血液製剤と同様の非常に厳密な安全確認の基準が必要になる。

生物学的製剤がウイルスに汚染していないことを確認する試験は、迷入ウイルス否定試験と呼ばれている。これは読んで字のごとく、外部からのウイルスの混入がないことを確認するための試験である。

光学顕微鏡では見えないほど小さいウイルスの不在をどのように確認するのか。かつて私は、国立予防衛生研究所に在籍していた際に、麻疹ワクチンの国家検定に主任として携わっていた。ここで麻疹ワクチンを例にとって、ウイルス汚染の否定のプロセスを説明しておこう。

現在、麻疹ワクチンはすべてニワトリの胚細胞の培養で製造されているが、当時は牛の腎臓細胞とニワトリの胚細胞で製造されたものの二種類があった。そのため、牛由来のウイルスとニワトリ由来のウイルスがワクチンのなかに混入していないことを確認することが重要な検査項目であった。

麻疹ワクチンの迷入ウイルス否定試験は、三つの段階を経て行われる。第一段階では、麻疹ワクチンのウイルスを増殖させる細胞のもととなる牛やニワトリについて、ウイルスなどの感染の有無を飼育状況や健康状態から推測する。感染の疑いのある動物は用いないことが最初の条件となる。ニワトリの胚の場合には、あらかじめニワトリ白血病ウイルスに感染していない群れの卵から細胞を作る。牛ではそれほど厳密な対策を行うことは不可能なので、外見上病気でないものから細胞が作られる。

第二段階では、それらの動物から作製した培養細胞に、牛やニワトリ由来のウイルスなどの微生物が入っていないかを確認する。また、ワクチン製造作業の過程で人からウイルスが入るおそれもあるため、人由来のウイルスも同様に検査の対象となる。

この培養細胞にワクチンのウイルスを接種して増殖させたものが最終製品のワクチンとなるのだが、第三段階ではその最終製品について麻疹ワクチンのウイルス以外にはいかなる微生物やウイルスも含まれていないことを確認する。こうして、ワクチンの安全性を三重にチェックするわけである。

本題に戻ろう。豚の臓器を生物学的製剤とみなした場合には、移植される豚の臓器が最終製品となる。最終製品が微生物学的に清浄であることを保証するには、生まれる前の母親の段階から微生物汚染がないことを確かめ、生育の全過程で汚染が起こらない配慮を厳密に行うことが必要となる。すなわち、臓器そのものの微生物の有無を調べることはできないが、生まれる前からの厳重な品質管理が実施されることになる。

安全諮問委員会では、豚の腎臓と心臓の移植、および肝臓を体外で患者の臓器につないで還流させる臨床試験の際に、微生物学的にどのような清浄度を要求するべきかという点について具体的な検討を行った。

なお、検討対象のなかには主要臓器のうち肺を含めなかった。豚の肺は人の血液を還流させた場合に非常に傷つきやすい性質をもっていること、また、肺は常に外界の空気を取り入れているために外からの微生物が入りやすいことなど、そのほかにもいくつかの理由があって、肺だけは当面検討の対象から除外された。

移植用豚の微生物学的安全性

臓器提供用の豚に存在してはいけない微生物は、(1)人獣共通感染症の原因になりうるもの、すなわち人が豚から感染した際に病気を起こすものと、(2)個々の豚の健康状態に危険をもたらすものの二種類に分けることができる。安全諮問委員会では上記の観点から、細菌、カビ、寄生虫、ウイルスについて検討を行った。

細菌について考えてみると、そもそも移植用の豚は前章で紹介したように無菌豚ではなく、DPF豚である。この豚はSPF豚と同様に腸内細菌のような豚の健康維持に必要な細菌は保有している。飼育も無菌動物用のアイソレーターのような閉鎖環境ではなく、豚が健康に過ごせるように清潔でオープンな環境で行われる。もし問題になるような細菌が仮に感染したとしても、定期的な臨床検査で検出でき、また抗生物質での治療も可能である。したがって、現在の技術で細菌感染による危険を排除することは十分に可能と考えられる。

カビと寄生虫は、SPF豚の飼育環境で感染を防ぐことが可能であり、特に問題になるような点は見つかっていない。

最大の問題はウイルスである。ウイルスは一般に宿主特異的である。動物から人に感染するようになったウイルスばかりが大きなニュースになるので意外に思われるかもしれないが、実はそれらはごく一部にすぎず、宿主以外の動物種への感染はほとんどの場合起こりにくい。しかし周知の通り、例外は存在する。そして、抗ウイルス剤で治療できるウイルスはごくわずかで、ほとんどのウイルスでは効果的な薬ができていない。また、ウイルスによっては変異を起こしやすいものもある。特にRNAウイルスは変異を起こして新しいタイプのウイルスになる可能性がある。つまり、移植によって豚のウイルスが人に感染し、変異を繰り返しているうちに人に病気を起こすようになり、抗ウイルス剤などの有効な手立てが存在しない、という状況に陥る可能性がないとは言えないのだ。したがって、病原性の有無にかかわらず、豚由来のウイルスすべてについて検査を行い、ウイルスフリーであることを確認する必要がある。これが安全諮問委員会での議論の結論である。

表3は、移植用豚の群れから除去すべき主なウイルスをまとめたものである。(1)豚に固有のウイルス、(2)人獣共通感染症のウイルス、(3)宿主域が広いウイルスの三グループに分類した。

まず、豚に固有で人には病気を起こさないウイルスが多数存在する。これらの多くは養豚において警戒すべきもので、監視病原体に指定されており、発生した場合には殺処分などで清浄な状態が保たれている。したがって、SPF豚ではこれらのウイルスの大部分は排除されているが、なかにはブタサイトメガロウイルスのように潜伏感染を起こすものやブタサーコウイルスのように胎盤を通って子

豚に固有のウイルス

RNAウイルス
- ブタコロナウイルス
  - ブタ伝染性胃腸炎ウイルス
  - ブタ血球凝集脳脊髄炎ウイルス
  - ブタ流行性下痢ウイルス
  - ブタ呼吸器コロナウイルス
- ブタ繁殖・呼吸器障害群（PRRS）ウイルス
- 豚熱ウイルス
- ブタパラミクソウイルス（ブタルブラウイルス）
- ブタエンテロウイルス
- ブタ水疱病ウイルス
- ブタロタウイルス
- ブタアストロウイルス
- ブタ腸管型カリシウイルス
- 口蹄疫ウイルス
- セネカウイルス

DNAウイルス
- ブタサイトメガロウイルス
- オーエスキー病ウイルス
- 豚痘ウイルス
- ブタアデノウイルス
- ブタパルボウイルス
- ブタサーコウイルス
- アフリカ豚熱ウイルス
- ブタガンマヘルペスウイルス

人獣共通感染症のウイルス（（　）内は自然宿主又は感染経路）

RNAウイルス
- インフルエンザウイルス（豚、人、鳥類）
- ブタE型肝炎ウイルス（豚）
- メナングルウイルス（コウモリ）
- ニパウイルス（コウモリ）
- ハンタウイルス（齧歯類）
- 狂犬病ウイルス（食肉類、コウモリ）
- 脳心筋炎ウイルス（齧歯類）
- 水疱性口炎ウイルス（蚊媒介）
- 東部ウマ脳炎ウイルス（蚊媒介）
- 西部ウマ脳炎ウイルス（蚊媒介）
- ベネズエラウマ脳炎ウイルス（蚊媒介）
- 日本脳炎ウイルス（蚊媒介）
- ゲタウイルス（蚊媒介）
- レオウイルス（多くの哺乳動物）

宿主域が広く豚も感染の可能性があるウイルス（（　）内は自然宿主又は感染経路）

RNAウイルス
- ボルナウイルス（馬）
- アポイウイルス（蚊媒介）

DNAウイルス
- ポリオーマウイルス（齧歯類）

表3　ドナー豚から排除すべきウイルス

豚に感染するものもある。

次に、人獣共通感染症のウイルスもいくつか存在する。そのうち、たとえば狂犬病ウイルスのようなものは、日本には存在せず、欧米でも厳重な隔離で飼育管理を行えば感染は起こりえない。また、日本脳炎ウイルスの場合は、伝播の過程に豚が組み込まれている。このウイルスは蚊が媒介しており、まず最初に蚊から豚に感染するが、豚では特に病気を起こさない。豚はウイルス増殖の場となり、そこで増えたウイルスが蚊を介して今度は人に感染を起こすのである。日本脳炎ウイルスはアジア地域に広く存在し、欧米には存在しない。したがって、日本で異種移植用の豚を飼育する際には、蚊が入り込まないようにすることが非常に重要になる。逆にいくつかのウマ脳炎ウイルスは米国に存在し、日本には存在しない。

さらに、ウイルスのなかには、豚をはじめとするいろいろな動物に感染する広い宿主域のものもあり、人に感染するかどうかが不明のものもいくつかある。現実には豚に感染する可能性は低いと想像されるが、これらのウイルスについても感染の有無を調べる必要がある。なおこれらのウイルスは、多くの人獣共通感染症のウイルスと同様に、豚に固有ではない。したがって仮にウイルスが検出された場合には、そのウイルスの豚以外の宿主と豚が接触した可能性を疑わなければならない。たとえば脳心筋炎ウイルスが見つかればネズミへの対策が不十分であったことを、また日本脳炎ウイルスが見つかれば蚊への対策が不十分であったことを示す。したがってこのような場合、ネズミ由来のほかのウイルスや蚊が媒介するほかのウイルスの侵入も疑って検査をしなければならない。

さらに、異種移植の開発研究の進展とともに豚のウイルスへの関心が高まり、新種のウイルスもいくつか発見されている。

そのひとつに、**表3**では人獣共通感染症のなかに入れてあるブタE型肝炎ウイルスがある。一九九七年に米国で発見されたもので、人のE型肝炎ウイルスによく似ている。人のE型肝炎ウイルスはアジア、アフリカなどの発展途上国で流行を起こしていて、主に若い人に感染し、特に妊娠している女性が感染すると二〇パーセントの致死率に達することがある。豚で新たに発見されたブタE型肝炎ウイルスは、豚では臨床症状を示すような病気は起こしていないようだが、人に感染するのではないかという疑いがもたれている。

オーストラリアでは九八年に、脳に異常が見られる死産の子豚から、メナングルウイルスと名づけられた新しいブタパラミクソウイルスの分離が報告されている。メナングルはこのウイルスを分離した研究所の所在地の名前である。これはオーストラリアに生息するオオコウモリが宿主になっていることが明らかになった。この病気の豚に接触した人二名が原因不明の熱を出し、ウイルスの抗体が陽性であったことから、このウイルスに感染したのではないかと疑われている。ドイツでは一九九九年にブタガンマヘルペスウイルスが新たに見出され、多くの豚に感染が広がっていることが推測されている。ただし、このウイルスが豚で病気を起こしている証拠は見つかっていない。

さらに一九九九年春には、マレーシアで多数の豚と人の死亡を引き起こしたニパウイルス感染が発生した。このように新しいウイルスが出現するたびに、ただちにウイルス抗体の検査法、ウイルス抗原やウイルス遺伝子の検出法などが確立されて、防疫対策が実施されている。

現在は、ウイルス遺伝子の検出技術の進展により、表3に挙げたようなウイルスに汚染していない豚を確保することは技術的に可能であるとみなしてよい。今後も新しいウイルスが見つかる可能性もあるが、これらの検出方法を検査システムのなかに取り入れて、汚染のないことを確認することで対応しうるものと思われる。

したがって、ここまでの段階については、移植用豚がウイルスフリーであることを確認するための技術的基盤が固まってきていると言えよう。だが、ウイルスはこれですべてではない。表3に挙げたウイルス以外にも、検討しなければならない別のウイルス群が存在する。ブタ内在性レトロウイルス（PERV）である。このウイルス群は、豚の染色体に組み込まれ、遺伝情報の一部となって存在している。そのため委員会では、除去は不可能であり、人での臨床試験を慎重に積み重ねて、感染のリスクを評価しなければならないと結論されていた。

ブタ内在性レトロウイルス（PERV）のリスク評価

レトロウイルスには、外から感染するものと、染色体に組み込まれて存在するものの二種類があり、前者は外在性レトロウイルス、後者は内在性レトロウイルスと呼ばれている。内在性レトロウイルスは染色体に組み込まれているため、子孫に遺伝していく（垂直感染）。一方、外在性レトロウイルスは普通のウイルスと同様に外部から感染を起こす（水平感染）。たとえばニワトリ白血病ウイルス、ネコ白血病ウイルス、ウシ白血病ウイルスなどがこれに相当する。

内在性レトロウイルスの遺伝子は、数百万年前に染色体に組み込まれたものと考えられている。その多くはおそらくウイルス遺伝子の一部だけであり、感染性を示す完全なウイルス粒子を産生することはできない。言うなればウイルスの化石のようなものと推測されている。しかし、なかにはウイルス遺伝子のすべてをもつものが存在し、感染性のウイルス粒子を産生することがある。遺伝子という情報だけの存在が、突然実体化するのだ。

完全なウイルス粒子を形成しうるブタ内在性レトロウイルス（PERV）は、一九七〇年に豚の腎臓細胞の継代株であるPK15細胞と呼ばれる細胞のなかで初めて発見された。日本でも一九八〇年代に農林水産省家畜衛生試験場の児玉道博士が豚のリンパ腫から内在性レトロウイルスを分離し、これは筑波1株と命名された。このウイルスは豚に接種しても病気は起こさなかった。その後、PERVの研究は国内外を通じて途絶えてしまっていた。

ところが九〇年代になって、豚の臓器による異種移植の研究が進展するにつれて、PERVに対する関心が高まりはじめた。核心は、PERVがはたして人に感染するかどうかという点である。

一九九七年三月、英国のロンドン大学癌研究所のロビン・ワイスがPK15細胞から分離したPERVが人の継代細胞に感染しうることを発表した。これによって、異種移植におけるブタ内在性レトロウイルスによる危険性の議論にさらなる拍車がかかった。試験管内ではあっても、人の細胞に感染する能力があるとすると、移植臓器から人に感染し、人の身体で増殖する可能性もあることが問題視されたのである。

前年の九六年にも、ＰＥＲＶの別の危険性がロビン・ワイスのグループの竹内康裕博士によって提唱されていた。これは一九七〇年代に発見された、人の血清にマウスやネコのレトロウイルスを溶かす作用があるという現象に基づく研究である。

人の血清がマウスやネコのレトロウイルスを不活化する現象は、ほかの動物由来のレトロウイルスの感染に対する自然の防御機構が人の血清に備わっていることを示しているとみなされてきた。竹内博士らは、ＰＥＲＶも同じように人の血清で不活化されることを明らかにし、さらにこの働きがＰＥＲＶ粒子の表面に含まれるαガラクトース抗原に対して、抗体と補体が反応する結果であることを証明した。そのメカニズムとそこから導かれるリスクについて説明しよう（図15）。

第５章で述べたように、豚の細胞にはαガラクトースが含まれている。また、レトロウイルス粒子の表面には被膜がある。このウイルス粒子を構成するいろいろな素材は、細胞のなかで作られ、それらが集合して細胞膜から放出されて完全なウイルス粒子となるのだが、細胞から放出される際に、ウイルス被膜のなかに細胞膜中のαガラクトースも取り込まれる。そのため、ＰＥＲＶの表面にはαガラクトース抗原が存在する（図15Ａ）。一方、人の血清にはαガラクトースに対する自然抗体が含まれているので、この抗体がＰＥＲＶ粒子の表面のαガラクトースに結合し、補体を介してウイルスを不活化することができる（図15Ｂ）。

では、移植された豚の臓器から、人の細胞がＰＥＲＶに感染した場合はどうなるのかを考えてみよ

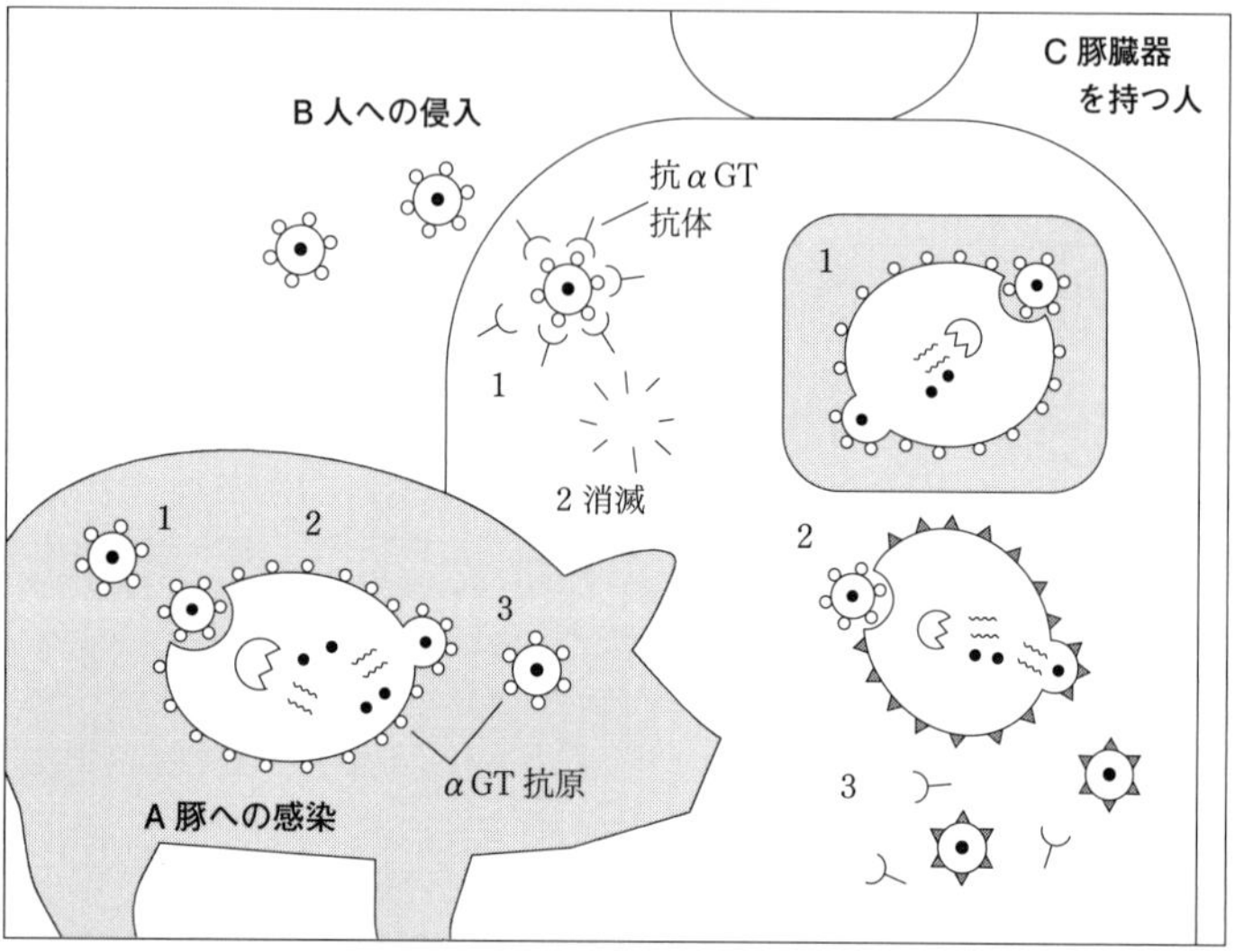

図 15　内在性ブタレトロウイルスに対する自然防御機構

A　内在性ブタレトロウイルスは、ウイルス粒子となって周囲の豚の細胞に感染すると（1）、複製され（2）細胞外に放出される（3）。その際、細胞膜のαガラクトース抗原がウイルスにつく。

B　ウイルスが人体に侵入すると、抗αGT 抗体に認識され（1）、破壊される（2）。

C　豚の臓器を持つ人の場合、豚臓器でウイルスが増殖し（1）、ヒト細胞に感染・増殖すると（2）、αガラクトースをもたないウイルスが出現しうる。その場合、抗αGT 抗体には認識されない（3）。

う。人の細胞にはαガラクトースが含まれていないため、ここで産生されてくるPERVの表面にはαガラクトースが存在しない。そのため、人の身体のなかで産生されるPERVに対しては、自然の防御機構とみなされる人血清でのウイルスの不活化は起こらないおそれが、理論的には考えられるわけである（**図15C**）。

PERVの遺伝子は染色体の遺伝子群のひとつであるため、豚のあらゆる組織のなかに存在している可能性がある。移植に用いられる心臓、腎臓、肝臓などでもPERVが産生される可能性がある。

PERVには、A型、B型、C型の三種類があり、A型とB型はすべての豚の染色体に存在する。C型は多くの豚に存在するが、C型をもたない豚もいる。A型とB型は人の細胞に感染するため、異種移植における リスク要因となる。C型は豚の細胞にのみ感染する。しかし、豚によってはA型とC型の組換えウイルスをもつものが見つかっていて、この組換えウイルスは人の細胞でよく増殖する。

PERVが問題視されたきっかけは、人の培養細胞にPERVが感染したという報告だったが、それは必ずしも人に感染するということの証明にはならない。試験管内で培養した細胞のウイルスに対する感受性は、生体の感受性を必ずしも反映しないことは、すでに多くのウイルスでよく知られている。培養細胞に感染することと人に感染することとは、必ずしもイコールではないのである。そのため、人に感染しうるかどうかは、人に接種しない限り確かめられない。しかし、人への接種実験をするわけにはいかない以上、別の解決策を考えなければならない。

実は、これまでに豚の臓器の一部、組織や細胞の移植を受けた人は世界中にかなりの数存在する。これらの人にPERV感染の証拠があるかどうかを調べることが、この難問へのある程度の答えになる。ノバルティス社はすぐにこのアプローチで調査を始めた。

米国の疾病制圧予防センター（CDC）のグループは、スウェーデンで一九九〇年から九三年にかけて豚胎児の膵臓細胞の移植を受けた一〇名の糖尿病患者について調べた結果、感染の証拠が見つからなかったことを九八年に報告していた。PERVの危険性を最初に指摘した英国のロビン・ワイスのグループが、豚の腎臓による体外還流を受けた二名の腎臓透析の患者を調べた際にも、ＰＥＲＶの感染の証拠は発見されなかった。

ノバルティス社では別の調査も行った。豚の脾臓による血液の還流を受けた一〇〇名（ほとんどが火傷による敗血症の治療のためにロシアで行われたものと推測される）、ドイツで豚の皮膚移植を受けた人一五名、そのほかスウェーデンとニュージーランドで豚の脳細胞の移植を受けた人、カナダでは豚の肝臓による血液還流を受けた人など、世界中から全部で一六〇名くらいの血液サンプルを集めた大規模な追跡調査を行ったのである。この結果は、一九九九年、「サイエンス」誌に発表された。それによれば、免疫抑制を受けていた患者や手術後八年以上経過した患者も含めて、合計一六〇名の患者にＰＥＲＶ感染の証拠はまったく見出されなかった。

次章で紹介するニュージーランドとアルゼンチンでの糖尿病患者に対する膵島移植試験では、血液について定量的ＰＣＲ検査と抗体検査が行われたが、すべて陰性であった。

これらの調査からはＰＥＲＶ感染の証拠は見つからなかった。しかし、異種移植が実用化され、実施件数が増えていってもＰＥＲＶ感染が起きないとは言えない。ＰＥＲＶに慎重な対応が求められたことがハードルとなり、異種移植研究はしばらく停滞することになった。突破口を開いたのは、二〇一二年に開発されたゲノム編集技術である。この技術により、かつて「除去は不可能であり、人での臨床試験を慎重に積み重ねて、感染のリスクを評価」するしかないとされていたＰＥＲＶを、除去することが可能になったのだ。

こうして、二〇二一年までに集まった膨大なデータを元に、何重ものPERV伝播防止対策が立てられてきた。PERV‐Cフリーの豚の選抜、抗ウイルス剤、ワクチン接種、そして、第8章で紹介するゲノム編集によるPERVゲノムの破壊などである。

ウイルスのレセプターとプリオン病の懸念

感染リスクとして、特にPERVの問題について述べてきた。そのほかにも感染につながる可能性のある要因について二つ述べておこう。ひとつは豚に導入された補体制御タンパク質遺伝子がウイルスのレセプターとして働く可能性、もうひとつは、感染性のタンパク質が病原体となって起こるプリオン病である。

前者から説明しよう。ウイルスの感染はまず、ウイルスが細胞膜に結合することで始まり、細胞のなかにウイルスが侵入すると増殖を開始する。感染を起こすことができる細胞の種類はウイルスによって異なり、どのような細胞にも感染できるわけではない。それは、ウイルスと細胞膜の結合がちょうど鍵と鍵穴の関係に似ていて、細胞膜に存在するウイルスの受容体（レセプター）とウイルス粒子との形が互いに合わないと結合が生じないためである。したがって、ウイルスに対応する受容体があればその細胞への感染が起こるが、受容体の存在しない細胞では感染は起こらない。

実は、移植用の豚に導入が試みられているDAF遺伝子とCD46遺伝子が作るタンパク質は、人のウイルスの受容体として働く役割ももつという報告がある。DAFはコクサッキーウイルスの受容体と言われている。これは人に腸管感染を起こすウイルスで、稀に髄膜炎を起こすこともある。一方、CD46は麻疹ウイルスの受容体と言われている。

したがって、豚の細胞で作られるこれらのタンパク質が、補体制御タンパク質という本来の役割だけでなく、ウイルスの結合する鍵穴としての受容体の役割も果たすおそれがあることになる。DAFがコクサッキーウイルスの結合する鍵穴となり、また、CD46が麻疹ウイルスの結合する鍵穴となって、もともとはこれらのウイルスに感受性のない豚の細胞にウイルスが感染する可能性があるのではないかというわけである。麻疹ウイルスに感染する豚やコクサッキーウイルスに感染する豚ができると、豚と人との間でウイルスの往復が起こるような事態になるのではないかという問題が出てくる。

ただし、現実にはウイルスレセプターの機構は複雑であり、いくつもの受容体が存在し、それらが共同で鍵穴となってウイルスの結合する相手になっている。補体制御タンパク質のCD46についても、この遺伝子を導入したマウスが欧米で数系統作られているが、麻疹ウイルスの増殖はまったく見られないか、または特別な条件下でわずかに増殖する程度である。受容体遺伝子導入により豚が人のウイルスに感受性をもつようになる可能性はきわめて低いと言えよう。

さて、もうひとつ考えうる要因としてプリオン病がある。この病名は、牛海綿状脳症（BSE）や人のクロイツフェルト・ヤコブ病などに代表される神経性難病の総称である。プリオンという感染性のタンパク質が原因となって起こることが明らかとなり、現在ではプリオン病と総称されている。

プリオン病の特徴は、人も動物も脳内にスポンジ状の空胞が多数見られることである。実験環境では、サルやマウスなどの動物の脳内にプリオンを接種すると病気が伝達されることが確認されている。別の接種経路として腹腔内接種の場合も伝達が確認されているが、脳内のほうが一〇〇〇倍くらい高い効率で伝達される。

プリオン病は発病すると一〇〇パーセント死亡し、治癒は望めない。人のプリオン病で代表的なクロイツフェルト・ヤコブ病は、一〇〇万人にひとりの割合で発生し、世界中に散発している。こうした散発性タイプのほかに、プリオンタンパク質遺伝子の変異による遺伝性タイプ、死者の脳下垂体から抽出した成長ホルモンの投与や死者からの脳硬膜の移植によって感染した医原性タイプがある。

一方、動物の世界のプリオン病としては、羊のスクレイピー、牛のBSEが代表的である。羊のスクレイピーは一八世紀に発見された病気で、根絶に成功したオーストラリアやニュージーランドのような一部の国を除いて、現在でも世界中ほとんどの国で発生している。スクレイピーはすべて感染で起こっており、遺伝性や散発性のタイプは発見されていない。

この羊のスクレイピーが、家畜の飼料を介して牛へと広がったのがBSEである。感染を媒介したのは、牛に与えられた近代的な配合飼料であった。家畜飼料には肉骨粉と呼ばれるタンパク質飼料が配合されており、これは牛、豚、羊、ニワトリなどの動物から食肉用の部位をとった後、残りのくず肉を集め加熱処理して作ったものである。この肉骨粉のなかに羊のスクレイピーが混入していたために、牛へと感染し、大規模な流行へと拡大した。

ここでの問題は、このプリオン病が豚にも存在し、それが移植を介して人に感染する可能性があるかどうかである。ベストセラーにもなったノンフィクション『死の病原体プリオン』では、著者のリチャード・ローズがイムトラン社のデイヴィッド・ホワイトに取材した際に、豚の細胞を脳内に移植した場合の危険性について質問している。この問題については安全諮問委員会でも議論されており、現在では次のような結論に達している。

ＢＳＥが豚に感染するかどうかは、英国の中央獣医学研究所で六年以上にわたって調査が行われた。調査方法として、二種類の感染経路が試された。ひとつは、この病気にかかった牛の脳の乳剤を豚に食べさせる経口投与で、もうひとつは脳内、静脈内、腹腔内接種の三つの経路を併用した注射である。その結果、経口接種では発病は起こらなかった。脳内、静脈内、腹腔の併用接種では一〇頭のうち一頭が発病した。牛、羊、山羊でも同じように試みられたが、この場合は経口、脳内どちらの経路でも発病した。

すなわち、豚は非常に感受性が低いと考えられる。また、前述の通り、移植用の豚は一〇〇パーセント植物性の餌を用い、完全なベジタリアンとして飼育される。動物性のタンパク質は魚も含めていっさい餌として与えられない。このためプリオン病に感染する経路はまったく存在しない。しかも、豚のプリオンに対する感受性は非常に低い。したがって、移植用の豚がプリオン病に感染する可能性はないであろう。

このように、異種移植の実現可能性を検討する際には、拒絶反応の対応だけではなく、異種の動物が伴っているさまざまな微生物への対処が必要になる。なかでも、豚の染色体に存在するPERVは、超急性拒絶反応と並ぶ異種移植に特有の難題であった。このPERV除去の目処が立ったことで、異種移植研究は実現に向けて大きく前進したのである。

第7章　臓器移植以外の異種移植

これまで臓器を中心に話を進めてきたが、異種移植は、後述のＷＨＯの定義に示されているように、臓器、組織、細胞の移植、さらにはこれら豚の成分に接触する処置まで含まれる。臓器以外の異種移植について、簡単に現状を紹介する。

膵島の細胞移植

異種移植として先陣を切って進んでいるのは細胞移植である。臓器と異なり、細胞移植の場合はドナーの血管がほとんどない。移植された細胞には血管がつながるが、これはレシピエント側の人の血管である。超急性拒絶反応は、前述のように血管内皮細胞に含まれるαガラクトースに対して起こると考えられるため（八九頁）、細胞移植では臓器移植の場合のような超急性拒絶反応は起こりにくい。

現在、細胞移植の対象として検討されているのは、豚の脳、膵臓、肝臓、骨髄、副腎である。これらのうち臨床試験にまで進んでいるのは、膵島移植による糖尿病の治療と脳細胞の移植によるパーキンソン病の治療の試みである。

糖尿病は生活習慣病のなかでももっとも重要な慢性疾患のひとつであり、患者数も非常に多い。進行すると失明、壊疽、痛みを伴う神経症、高血圧症、感染症にかかりやすくなるなどの深刻な二次症状が出て、時には昏睡から死に至ることもある。

糖尿病には、インスリン依存型（I型）糖尿病とインスリン非依存型（II型）糖尿病の、二つの異なったタイプがある。日本では、約九五パーセントがインスリン非依存型の糖尿病で、インスリン依存型の糖尿病は少ないが、近年、徐々に増加する傾向が見られている。

欧米ではインスリン依存型糖尿病の患者の割合が日本より多く、患者全体の約二〇〜三〇パーセントを占める。英国では二〇二一年のデータで約四〇〇万人が糖尿病患者と言われ、これは国民の約六パーセントに相当する。米国では、二〇二〇年のデータによると、約三四〇〇万人の糖尿病患者のうち一四〇万人が毎日インスリンの自己注射を行っている。毎日の自己注射は日常生活の制約を伴うだけでなく、安定したインスリンのレベルを保ちにくいという欠点がある。

豚由来のインスリンが人に有効であることが古くから知られている。糖尿病治療に用いられてきたインスリンは、と畜場で集めた豚の膵臓から抽出したブタインスリンであった。そこで、豚の膵臓を移植するアイデアが生まれた。豚の膵臓の使用には、臓器不足の解決策としてだけではなく、もうひとつ大きな利点があると考えられている。

インスリン依存型糖尿病で膵臓でのインスリンの産生が阻止されている原因はよくわかっていないが、自己免疫が関係していると考えられている。なんらかの理由で自分の膵臓細胞に対する自己免疫が成立し、その免疫反応によって膵臓細胞が破壊され、インスリンの産生がストップすると推測されている。

人同士の膵臓移植で組織の適合性が非常によい場合でも、移植された膵臓が急速に破壊されることがある。これは、レシピエント自身の膵臓細胞に対する免疫反応が移植された膵臓細胞を破壊するためだと考えられている。もしそうであれば、人とは異なる豚の膵臓細胞を移植した場合は、人の膵臓細胞に対する免疫反応では破壊されない可能性があることになる。

図16　カール・グロート（左）と異種腎臓移植のパイオニア、リームツマ（43頁）。1999年、名古屋で開かれた国際異種移植学会にて筆者撮影。

膵臓は腺組織で、インスリンを分泌している細胞が島のように散らばって存在するため、膵島と呼ばれている。そのため、臓器そのものではなく、膵島が移植されている。

豚の膵島の最初の臨床試験は、スウェーデンのカロリンスカ研究所のカール・グロート（**図16**）が、一九九〇年から糖尿病の末期で腎臓障害を起こしている患者一〇名に行った。一〇名の患者のうち八名は、豚胎児の膵島を肝臓の門脈のなかにカテーテルを使って入れることで、あとの二名は腎臓移植を行う際に、腎臓の被膜の内側に、豚胎児の膵島を注入することで移植が行われた。豚胎児は六六〜八一日齢のもので、ひとりの患者に三九から一〇〇頭分の胎児細胞が用いられた。

その結果、症状の改善やインスリンの増加は認められなかったが、何名かの患者では数週間後にも尿のなかにインスリンが放出されていることが確認された。膵臓細胞の移植が安全に実施しうること、そしてある程度の期間、豚の膵臓細胞が生着することが示されたのである。

ニュージーランドを本拠とするベンチャーのリビングセルテクノロジー社は、一九九六年、ニュージーランド政府と地域倫理委員会の承認を得て、四一歳の糖尿病患者の腹腔内に腹腔鏡を使って新生豚の膵島一三〇万個を移植した。一四カ月の間にインスリンの投与量を三〇%まで低下でき、体内で豚のインスリンが生成されていると思われたが、その後、投与量は以前の量に戻っていった。九年半後の二〇〇五年、患者がまだ効果が続いているようだと主張したので、腹腔鏡で調べたところ、カプセル（後述）内の細胞は生存していて少量のインスリンを産生していることが確かめられた。

この企業は、二〇〇九年にはニュージーランドで一四名の患者に対して新生豚の膵島移植の臨床試験を実施し、二〇一一年には、アルゼンチンで八名の患者で同様の試験を行っている。なおこれらの試験では、ブタ内在性レトロウイルスによる感染の有無について詳細な検討が行われ、患者への感染が見られなかったことが報告されている（一二二頁）。

また、二〇一一年には中国で二二名の患者に新生豚の膵島移植が行われている。

なお、糖尿病に付随する問題として、感染症に対する抵抗力の低下がある。糖尿病の患者はウイルスや細菌などに感染しやすくなっているが、こうした感染抵抗性が低下している人に膵島移植を行って免疫抑制剤を投与することは、感染のリスクをさらに増大させることになる。

そこで、**図17**のようなアルギン酸ゲルなどからなるカプセルが開発されている。そのなかに膵島細胞をばらばらにして入れ、カプセルを移植するのである。カプセルには小さな孔が空いていて、孔のサイズは、拒絶反応にかかわる抗体やリンパ球は通過できないが、インスリンは通過できるように設計されている。こうして、目的のインスリンは供給され、しかも免疫抑制剤の使用は避けることができるというわけである。

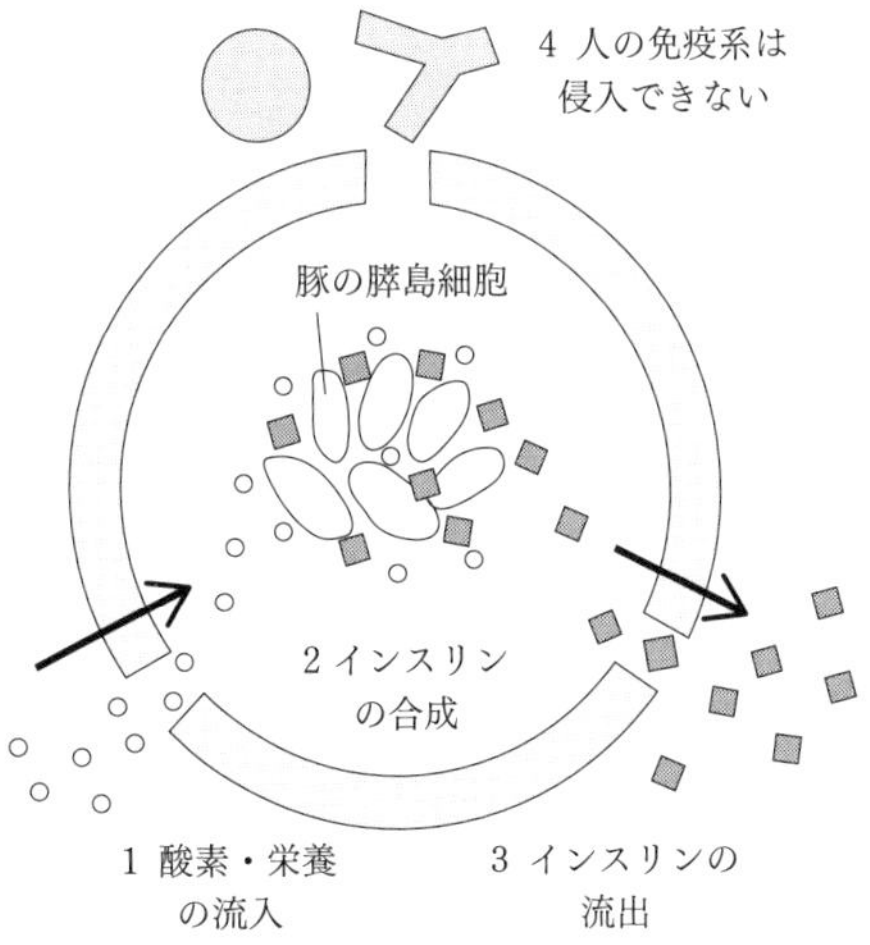

図17 カプセルを用いた膵臓移植

なお、膵島移植に新生豚が用いられている理由は、胎児期には、αガラクトースがまだほとんど発現しておらず、成長するにつれて抗原量が増えるためである。そのため、なるべく発現量の低い細胞を用いた方が、移植後の免疫抑制処置が容易になる。

カプセル方式は、膵島に限らず、肝不全の治療のための肝細胞、パーキンソン病やアルツハイマー病のような神経変性疾患に対する脳細胞の移植にも利用されている。

胎児の脳細胞移植

パーキンソン病は一八一七年に英国の医師ジェームズ・パーキンソンが初めて報告した病気で、主に中高年に発病する慢性進行性の神経病である。筋肉が硬直し、そのために身体の運動が抑制され無動となって、しかも静止時にふるえるのが特徴である。こうした症状は、脳内の神経伝達物質のひとつであるドーパミンが不足するために起こる。

ドーパミンは、大脳の基底核にある黒質と呼ばれる部位で産生される。基底核という名前は、大脳皮質の底の部分に神経細胞が核のように集合している場所があることに由来する。黒質にはメラニン色素をもった神経細胞が集まっているために黒く見える。この黒質がドーパミンを産生しているのだが、パーキンソン病の患者ではこの神経細胞が破壊され、黒い部分が消失している。

Lドーパという薬を飲むと脳内でドーパミンに変わるので、一般にはこれが対症療法として用いられている。しかし、効果を維持するためには患者はLドーパを一生飲み続けなければならない。

別の治療法として、ドーパミンを産生している人胎児の脳細胞の、患者の脳内への移植が一九九〇年代はじめから世界各地で試みられてきた。九二年の第四回神経移植国際シンポジウムでは、スウェーデンのルンド大学で六名、米国コロラド大学で七名、エール大学で一一名、キューバのハバナにある神経移植センターで三五名、英国のバーミンガム大学で一二名の患者への移植が報告された。

これらのうち特に関心を呼んだのはスウェーデンの成績である。薬物中毒でパーキンソン病と同様の症状を示すようになった男女二名の患者に、六ないし八週齢の人胎児の脳細胞の移植が行われた。この週齢の胎児の脳は非常に小さいために、患者ひとりにつき少なくとも一六人の脳の細胞が移植された。その結果、症状は著しく改善し、歩くこともできるようになり、Lドーパの使用をやめることはできなかったものの、患者は独立した生活が可能になったことが報告された。

人胎児の脳細胞の移植が有望視されるようになると、その入手方法が問題になった。先に述べたように、スウェーデンの例ではひとりの患者に一六人の胎児の脳が移植されている。妊娠中絶による人胎児の脳への依存は、必要数の確保の難しさだけでなく、倫理的な問題もかかわってくる。そこで、品質が均一で必要数も確保できることから、豚胎児の脳細胞が注目されることになった。

パーキンソン病患者への豚胎児脳細胞の移植の安全性を確認するために、一九九五年、米国のダイアクリン社とジェンザイム社により、第一相臨床試験が一二名の患者に行われた。患者のひとりであるジム・フィンは症状が著しく改善し、いくつかのマスメディアに取り上げられた。続いて一八名について第二相試験が行われた。移植七カ月後に移植とは無関係の理由で死亡した患者の組織の剖検では、移植された脳細胞が生存していることが確かめられた。二〇〇一年に成績の速報が発表されたが、移植による症状の改善は確認できなかった。

前述のリビングセルテクノロジー社は、マイクロカプセルに入れた豚新生児の大脳基底核の細胞を脳内に移植して、障害を受けた神経細胞を修復させて、パーキンソン病を治療するという研究を行っている。二〇一六年から一七年にかけては、一八名の患者での臨床試験が行われた。二六週目の成績が二〇二一年に発表されたが、移植そのものの安全性に問題はなかったものの、症状の改善は見られていない。

組織移植

臓器全体ではなく、その一部である組織片を移植することを組織移植という。豚組織の移植では角膜が試みられているが、人での実用化には至っていない。

失明者は世界中で推定三九〇〇万人存在し、そのうちの約一〇%は角膜の病気による。角膜の移植が標準的治療法になっており、死亡後にアイバンクに提供される眼球から角膜が移植されている。しかし献眼される数は限られており、日本では約三〇〇〇人が移植を待っている。韓国では約二〇〇〇人、中国では二〇〇〇万人、インドでは七〇〇万人と待機患者は膨大な人数になっている。

豚の角膜を人に移植する最初の試みは、一八四四年に行われた。一九九八年以来、サルを用いた豚の角膜移植の実験が行われていて、韓国では六カ月以上生着した例が報告されている。二〇一四年には、角膜移植の臨床試験についての合意文書が国際異種移植学会から発表されている。

臓器工場

ほかにも、移植のための人の臓器を豚の体内で作らせる研究が進められている。

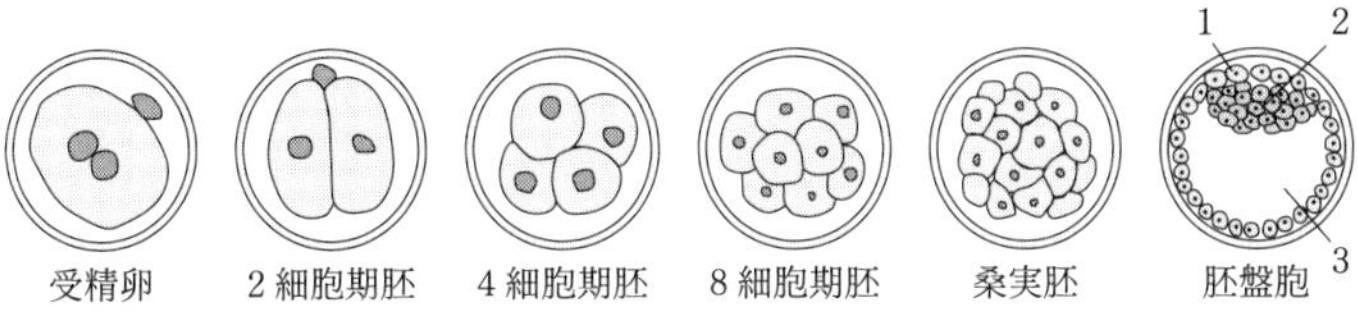

図18　初期胚の発育過程
胚盤胞は、1栄養外胚葉、2内細胞塊、3胞胚腔からなる。

われわれの身体を構成する体細胞は、ほかの細胞に分化する能力を失っている。受精卵は分裂を始めると、二細胞期、四細胞期、八細胞期を経て、桑実胚となり、ついで胚盤胞が形成されて子宮に着床する（**図18**）。ここまでを初期胚と呼び、あらゆる体細胞に分化する能力（多能性）を持っている。また、胚性幹（ES）細胞は、胚盤胞の内部細胞塊の細胞を培養して作製される。山中伸弥教授の人工多能性幹（iPS）細胞は体細胞から作製される。両細胞ともに多能性を持っているので、これらを元に、移植のための臓器を豚の体内で作らせようというわけである。

一九八四年、英国動物生理学研究所では、羊と山羊の初期胚どうしを結合させて羊・山羊のキメラを作出して、「ネイチャー」誌に報告していた。

東京大学医科学研究所の中内啓光教授らは、膵臓の発達に必要なPdx1*遺伝子を破壊したマウスの胚盤胞にラットのiPS細胞を注入し、代理母マウスの子宮に移植することにより、ラット由来の膵臓をもったキメラマウスを作出したことを、二〇一〇年、「セル」誌に発表した。これは、iPS細胞由来の臓器を異種の動物の体内で作り出すという、臓器工場の概念実証と

* pancreatic and duodenal homeobox：膵臓・十二指腸ホメオボックス

なった。

米国ソーク研究所のファン・ベルモンテらは、体外培養で成熟させた豚の卵子に電気刺激を与えて活性化させることにより形成された胚盤胞に、人の線維芽細胞から作成したiPS細胞を注入し、培養を行ったのち、代理母豚の子宮に移植した。胎生三週と四週に胎児を取り出して調べた結果、人の細胞が分化していて、人と豚のキメラになっていることが確認された。この結果は二〇一七年、「セル」誌に発表された。この論文でも、人の組織や臓器を異種動物で作り出す可能性が述べられている。

日本では、動物の胚にiPS細胞やES細胞を注入したキメラ胚（集合胚）の作成は、クローン技術規制法により体外培養だけが認められており、動物の体内への移植は禁止されていた。しかし二〇一九年に「特定胚の取扱いに関する指針」の改正が行われて、前述のような実験が可能になった。明治大学の長嶋比呂志教授は、中内教授と共同で、ゲノム編集技術によりPdx1遺伝子を破壊した豚の胚盤胞に人のiPS細胞を注入してキメラ胚を作り、これを代理母豚の子宮に移植して、人の膵臓をもつ豚の作出を計画している。

体外補助装置

肝障害の患者が肝臓移植を待つ間の一時的手段として、また、一時的な肝機能障害において患者の肝機能が回復するまでのつなぎとして、豚の肝臓細胞に肝臓の解毒機能を一時的に代行させる装置がある。これも異種移植のひとつとみなされる。

この装置は、微細な孔のあいた中空の繊維（ホローファイバー）が多数通っている容器からなり、繊維の周囲には、分散させた豚の肝臓細胞をコラーゲンで覆ってマイクロキャリアに付着させたものが詰まっている。そして、繊維の中を患者の血液が循環するようになっている。患者の血管をこの装置につなぎ、血液をまず血球と血漿に分け、液体成分である血漿のみをポンプで肝臓細胞の容器に送る。ここで血漿中の有害物質は分解・無毒化され、その結果きれいになった血漿が血球といっしょに患者に戻される。

アルツハイマー病	脊髄空洞症
筋萎縮性側索硬化症	脊髄損傷
ハンチントン病	肝不全
感情障害	先天性酵素欠損症
パーキンソン病	腎不全
てんかん	糖尿病
小人症	筋ジストロフィー
卒中	癌（大腸）
血友病	不妊
貧血	エイズ
上皮小体機能不全症	外傷
アテローム性動脈硬化症	慢性疼痛

表4　動物細胞の移植で治療可能性のある医学的障害

米国マサチューセッツにあるベンチャーのサーシ・バイオメディカル社の体外肝臓補助装置（ヘパトアシスト）の場合は、一五％の患者が本来の肝臓機能を取り戻し、七〇％は肝臓移植を受けることができたという。

なお、同社の社名であるサーシ（Circe）はギリシャ神話に出てくる魔女の名前で、日本ではキルケという名で紹介されている。オデュッセウスと彼の仲間がキルケの住む島に上陸し、仲間たちはキルケの館でご馳走になるが、その後キルケに魔法の杖でたたかれ、全員が豚の姿に変えられてしまう。仲間の救出に出向いたオデュッセウスも豚に変えられそうになるが、ヘルメスから教えられた魔除けの草を食べていたので免れ、仲間とともにキルケの歓待を受けるという話である。豚にまつわるこのエピソードがベンチャーの命名の由来であろう。

異種移植は、**表4**に示すように、将来的にはさまざまな疾病の治療に利用しうることが期待されている。

第8章　加速する技術

前述のように、イムトラン社がDAF遺伝子導入豚の心臓をサルで長期間生着させるのに成功したことで、ノバルティス社は一九九六年、異種移植の開発に一〇億ドルを投資することを決定し、イムトラン社を買収した。投資銀行のソロモン・ブラザーズ社は、二〇一〇年までには、豚の腎臓などの市場規模は六〇億ドルに達すると予想した。ところが、私も参加した異種移植安全諮問委員会は、ブタ内在性レトロウイルス（PERV）の除去は不可能であると結論した。PERVが人の細胞に感染することも指摘されたため、イムトラン社は政府の規制当局から膨大な調査を要求された。動物から人への臓器移植に反対する活動家による攻撃も起きた。二〇〇一年三月、ノバルティス社は異種移植の事業から撤退した。

異種移植の開発の動きは一旦鈍ったかに見えた。しかしそのころから、異種移植の基盤となる画期的な研究成果が出始めていた。

クローン豚の作出と「動物工場」

一九九六年、英国ロスリン研究所のイアン・ウィルマットらは初めてクローン羊を作出し、ドリーと命名した。その方法は、あらかじめ核を除去した卵細胞の細胞質に羊の乳腺細胞の核を注入して融合させた細胞を、代理母羊の子宮に植えるというものだった。つまりドリーは乳腺細胞を提供した羊のクローンということになる。この技術は、乳腺細胞のように分化した体細胞から作るため、体細胞核移植と呼ばれた。この方式は牛にすぐに応用されて、日本でもクローン牛が誕生した。しかし、豚のクローンの作出はすぐには成功しなかった。

二〇〇〇年、農林水産省畜産試験場の大西彰博士らが初めて豚の体細胞核移植に成功して、「サイエンス」誌八月号に発表した。彼らは、**図19**に示したように、あらかじめ核を除去した白豚の卵細胞に、黒豚の胎児の線維芽細胞の核を注入し、電気刺激を与えたあと、代理母豚の子宮に移植して、黒豚のクローンを作出した。ロスリン研究所と共同でクローン羊の作出を行っていたPPLセラピューティックス社もまた、成豚の体細胞を核移植してクローン豚の作出を効率良く行う手法を開発して、「ネイチャー」誌九月号に発表した。

クローン技術が、異種移植にどのように関係しているのだろうか。実はこの技術は、もともとは動物の身体を借りて医薬品の製造を行うために開発されたもので、英語の“animal factory”を直訳して、「動物工場」と呼ばれている。しかし、動物ではなく、医薬品を作る技術なので、「動物バイオリアク

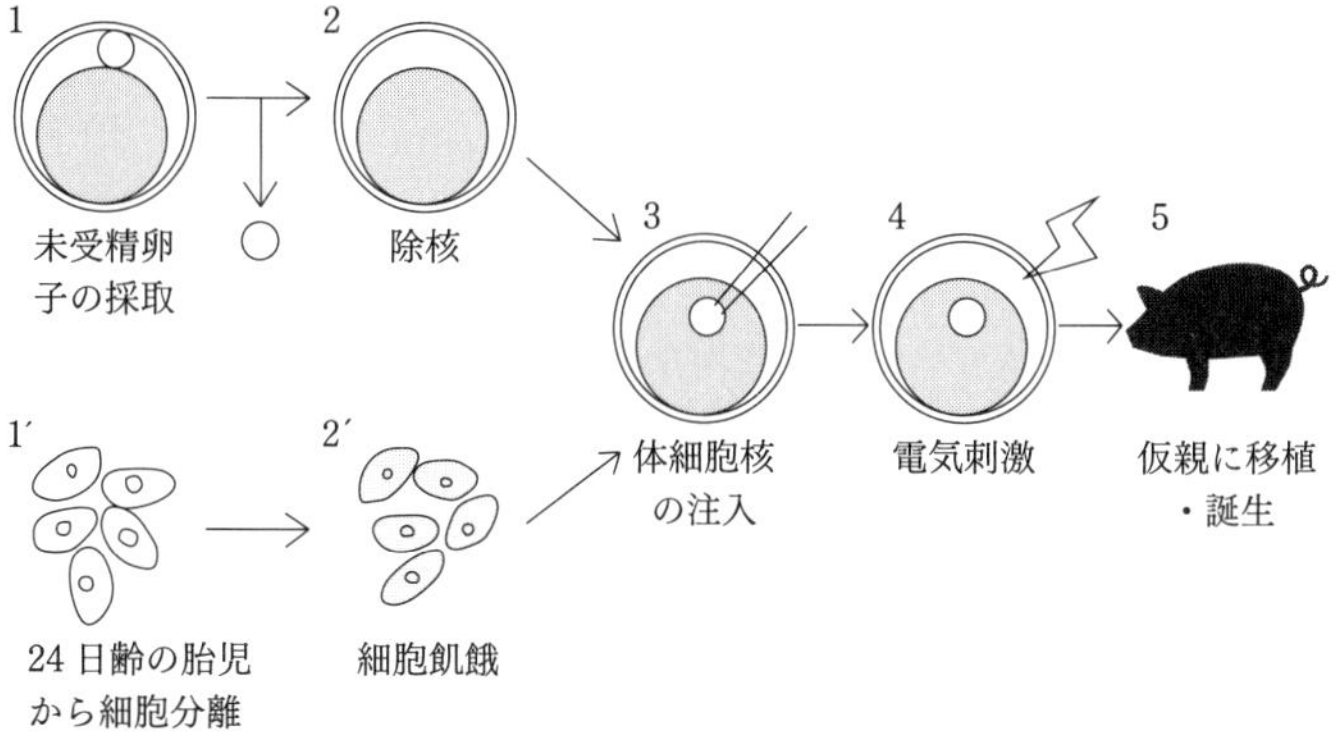

図19　体細胞クローンの作出
白豚から採取した未受精卵子と黒豚の24日齢胎児から分離した細胞により作出する。

ター（animal bioreactor）」のほうが妥当な表現であろう。

クローン羊ドリーを作出したロスリン研究所は、エジンバラ郊外にある英国政府のバイオテクノロジー・生物科学研究会議（ＢＢＳＲＣ）傘下の独立行政法人組織で、動物遺伝学や発生学の研究で世界的に有名である。ＢＢＳＲＣは研究成果の実用化を推進しており、一九九〇年代、ロスリン研究所の敷地には、ベンチャー企業のＰＰＬセラピューティックス社の建物があった。

ＰＰＬセラピューティックス社が目指していたのは、羊の乳腺で医薬品を作らせる「動物工場」であった。これまでの大腸菌や哺乳動物の細胞に代わって、羊や山羊などの家畜の乳のなかに医薬品を作らせるというものである。その目的のために、一九九〇年にトレイシーと名づけられた羊が作出された。これは世界で最初の遺伝子改変羊で、嚢《のう》胞性《ほうせい》線維症という肺の先天性疾患に対する治療薬α１アンチトリプシンの遺伝子が導入されており、一リットルの乳のなかにこの物質を三〇グラムという比率で大量に生産していた。当時、この薬は人の血液から抽出されていた。トレイシー一頭が一年間に生産する薬の量をもし人の血液から得るとするなら、一万人分以上の血液が必要になる。一九九五年に来日したBBSRCのトム・ブランデル理事長（ケンブリッジ大学教授）と私が懇談した際、彼は、国の研究所の研究成果が市場に応用されることになった好例として、トレイシーの開発を挙げていた。

ところで、この薬を大量生産するには、トレイシーのクローンが必要だった。しかし、クローンを作るためには、胚性幹（ES）細胞を用いなければならず、当時、羊のES細胞はできていなかった。一九九六年、私はPPLセラピューティックス社を訪問して、研究部長のアラン・コールマン教授にこの疑問を投げかけたところ、ES細胞を使わないで羊のクローンを作る新しい技術について、パネルで説明を受けた。そして、この技術の詳細は投稿中だと語っていた。

翌年、ドリーの作出が「ネイチャー」誌に発表されて初めて、コールマンの言う新技術が体細胞核移植であったことが分かった。ロスリン研究所のウィルマットらが体細胞核移植の技術を考案し、PPLセラピューティックス社が多数の羊を使って実験していたのである。

なお、最初の動物工場製品として、米国のGTCバイオセラピューティックス社がクローン山羊で生産させた血液凝固防止剤の組換えアンチトロンビンが、二〇〇六年、ヨーロッパ医薬品評価庁により承認されている。

ゲノム編集と体細胞核移植により作出された「ヒト化豚」

クローン豚の作成技術は、異種移植で最大のハードルとなっている超急性拒絶反応を起こすαガラクトースを欠いた豚の作出に応用された。体細胞の段階で、α-1・3ガラクトース転移酵素遺伝子を破壊して、αガラクトースを作らないようにした上で、核移植によりノックアウト豚を作出したのである。

二〇〇二年、PPLセラピューティックス社の子会社のレビビコール社（Revivicor）は、このノックアウト豚をガルセーフ（GalSafe）豚と名づけて、さらに、人の臓器に近づけるよう、遺伝子改変を加えた。二〇一一年、レビビコール社はユナイテッド・セラピューティックス社に買収され、その子会社になっている。

二〇一二年、カリフォルニア大学のジェニファー・ダウドナとドイツのマックス・プランク研究所のエマニュエル・シャルパンティエらのグループによりゲノム編集技術が開発され、標的となるDNAを正確に切断することができるようになった。この技術は、いくつもの部位を同時に標的とすることも可能であった。

そのころには、超急性拒絶反応にはαガラクトースだけでなく、ほかにも二つの糖が関わっていることが明らかになっていた。ゲノム編集技術によりこれら三つの糖の遺伝子をノックアウトし、さらに人の補体制御タンパク質や血液凝固を阻止するタンパク質（トロンボモジュリン）の遺伝子などを導入した豚体細胞を核移植することにより、ヒト化豚が作出された。

後述する、二〇二一年に脳死者へ移植された腎臓および二〇二二年に人に初めて移植された心臓は、ガルセーフ豚にさらに遺伝子改変を加えたもので、一〇個の遺伝子が改変されている。すなわち、豚の三つの糖タンパク質遺伝子がノックアウトされ、人の二つの血液凝固阻止タンパク質（トロンボモジュリン、血管内皮細胞プロテインC受容体）遺伝子と二つの補体制御タンパク質（CD46、DAF）遺伝子、二つの免疫制御タンパク質（CD47、ヒトヘムオキシナーゼ1）遺伝子が導入され、さらに移植された豚の心臓が人の体内で大きくならないよう、成長ホルモン受容体の発現を抑える遺伝子が導入されている。

PERVフリーの豚の誕生

新技術の出現により、異種移植分野へのベンチャー企業の参入が活発になり始めた。二〇一五年に設立されたイージェネシス（eGenesis）社もその一つである。同社は、中国の北京大学卒業後、ハーバード大学で学位を取得した楊璐菡《ヤンルーハン》と、ゲノム編集技術のパイオニアである遺伝学者のジョージ・チャーチ（ハーバード大学教授）が共同で設立した企業である。

彼らはまず、PK15細胞という代表的な豚腎臓由来の継代細胞で、PERV遺伝子を除去するモデル実験を試みた。PK15細胞にはPERV遺伝子が六二コピー含まれていたが、ゲノム編集により、それらのウイルスRNA合成酵素遺伝子をすべて破壊することができた。

PK15細胞は長年実験室で継代されていた樹立細胞株であるため、染色体に異常があり、癌化した細胞とみなされている。そこで、彼らはＰＫ１５細胞で得られた知見をもとに、健康な豚の胎児から採取した線維芽細胞で、ふたたびＰＥＲＶの不活化を試みた。

ＰＥＲＶにはＡ、Ｂ、Ｃの三つのタイプがあり、ＡとＢは人の細胞に感染することが分かっている。Ｃタイプは感染しない。豚胎児の初代線維芽細胞では、ＰＥＲＶ－Ａが一〇コピー、ＰＥＲＶ－Ｂが一五コピー見つかり、ＰＥＲＶ－Ｃは見つからなかった。これらＰＥＲＶのＲＮＡ合成酵素遺伝子すべてが、ゲノム編集技術で見事に破壊され、ＰＥＲＶフリーの細胞が作出された。次にこの細胞を、あらかじめ核を除去した未受精卵に移植し、培養した胚を代理母豚の子宮で発育させた結果、一七頭の代理母豚からＰＥＲＶフリーの子豚三七頭が生まれ、一五頭が成長した。これらを母集団として、異種移植用のＰＥＲＶフリーのヒト化豚のコロニーの作出が行われている。イージェネシス社は主に腎臓移植を対象としていて、二〇二一年にはサルへの移植実験を三〇回行った。なお、彼らの豚は、中米ユカタン由来のミニ豚なので、成長ホルモン受容体のノックアウトの必要はないという。

楊は二〇一七年には中国に帰国し、杭州市に啓函生物科技（Qihan Biotech）を設立して、ＣＥＯとしてＰＥＲＶフリー豚を用いた異種移植の事業を進めている。彼女は二〇一七年に世界経済フォーラムのヤング・グローバル・リーダーのひとりに選ばれている。

ゲノム分野の巨人クレイグ・ベンターが異種移植に参入

ヒトゲノム解読の最大の功労者であるクレイグ・ベンターらは、ゲノムを「読む」ことから、「書く」ことへと舵を切り、合成生物学のベンチャー企業、シンセティック・ゲノミクス社（Synthetic Genomics）を二〇〇五年に立ち上げた。同社は二〇一四年、ユナイテッド・セラピューティックス社の子会社ラング・バイオテクノロジー社（Lung Biotechnology）と提携して、移植用の肺の開発を行うと発表した。ベンターのチームがゲノムを編集・書き直しした豚の細胞を作成し、ユナイテッド・セラピューティックス社のグループが、拒絶反応を起こさないヒト化豚を開発するという。

肺は構造が非常に複雑なため、もっとも移植が難しい臓器であり、もしヒト化肺ができれば、心臓や腎臓にも応用できる。米国だけで年間約四〇万人が癌を含む種々の肺疾患で死亡している一方で、肺移植で助かっている人は二〇〇〇人にすぎず、毎年約二〇〇〇人が待機リストに名前を連ねている。

ユナイテッド・セラピューティックス社のCEO、マーチン・ロスブラットは、娘が肺動脈性高血圧症という難病にかかっていたが、二〇〇二年、同社が商品化した治療薬リモジュリンで回復したという。この経験から、ロスブラットは肺移植に関心をもったと言われている。

規制の整備

世界保健機関（WHO）は、異種移植を「(a)人以外の動物由来の生きた細胞・組織・臓器、もしくは、(b)人以外の動物の生きた細胞・組織・臓器に、体外で接触した人間の体液・細胞・組織・臓器を、人間に移植する・埋め込む・注入することに関わるあらゆる行為」と定義している。

二〇〇三年、国際異種移植学会は倫理的な側面に関するポジション・ペーパーを発表して、人での研究と動物福祉について適切に監督する必要があると指摘した。この勧告を受けて、WHOは二〇〇四年、加盟国に対して、適切な規制で監督される場合にのみ、臨床試験を行うべきであると決議した。そして二〇〇八年、中国の長沙市で「異種移植臨床試験に必要な規制・基準に関する世界会議」を開催し、異種移植の有効性、安全性のために、国家レベルでの監督機関による監視と法的拘束力のある規制、臨床試験のデータベース登録など、一連の課題が議論され、長沙宣言が発表された。この会議は二〇一一年、ついで二〇一八年にも長沙市で開かれている。

米国では、公衆衛生局が一九九六年に異種移植における感染症の問題に関する指針案を発表してパブリックコメントを求めたあと、二〇〇一年に正式指針として発表した。食品医薬品局（FDA）の生物学的製剤評価・研究センターは、二〇〇三年、ドナー動物、製品、前臨床試験、臨床試験などの問題についての詳細なガイダンスを発表した。これは、二〇一六年に改訂されている。

スペインと英国は、一九九八年六月と七月、異種移植に関する指針を発表した。スペインの規制では、動物での試験で、異種移植用の細胞、組織、臓器のいずれもが、最低六カ月機能し、病原体の伝播のないことを示すことが要求されている。

一九九九年、欧州議会は、異種移植の技術が評価され、指針が制定されるまでの措置として、異種移植について全世界でのモラトリアム（研究の自発的な一時停止）を要求した。そして翌月には、異種移植の指針の原案作成のためのワーキンググループを設けた。欧州医薬品庁は、二〇〇九年、移植用の異種動物細胞製品に関する指針を発表した。

日本では、二〇〇二年、「異種移植の実施に伴う公衆衛生上の感染症問題に関する指針」が発表された。異種細胞の移植は、二〇一四年、再生医療等安全性確保法が施行されて、臨床試験の申請が可能になった。二〇一六年には、上記の指針が改定されて、動物の膵島などの細胞の人への移植が、健康状態の追跡調査の徹底などを条件に容認された。異種臓器の移植についての法規制は整備されていない。

脳死者への豚腎臓の移植

アラバマ大学では、豚の腎臓のサルへの移植を試みていた。しかし、サルと人の間に生物学的な違いが存在する以上、豚の腎臓を人に移植した場合に遭遇するすべてのハードルを乗り越えられるかは不明であった。そのため同大学は、人での試験の実施に向けて、二〇一五年から具体的な準備を始めた。まず、ドナーとなるDPF豚の飼育施設を移植センターの近くに建設し、移植チームを結成し、さらに、企業と規制当局との連帯を図ったのである。

ドナー豚には、前述のレビビコール社の遺伝子改変豚が用いられた。この豚は、ミネソタ大学獣医診断施設で三カ月毎にPERVを含む豚由来ウイルスの検査を受けていた。

二〇二一年九月三〇日、脳死者への豚腎臓の移植手術が、通常の移植の場合とまったく同様の手順で行われた。手術は順調に終了し、腎臓に超急性拒絶反応の徴候は見られなかった。二四時間以内に、右側の腎臓は成人が一日に作るのと同様の量の七〇〇ミリリットルの尿を作り出した。左側の腎臓の尿の量は、初日は数ミリリットルだったが、翌日には増えていった。

術後七七時間で試験は終了された。移植チームは、脳死者（ジム・パーソンズ）に敬意を表して、この豚の腎臓移植の手順を、パーソンズ・プロトコールと命名する予定であると語った。

それから約二カ月後、ニューヨーク大学で、人工呼吸器につながれた二名の脳死者へ、同様にレビビコール社の豚の腎臓の移植が行われた。アラバマ大学の場合と異なり、腎臓は大腿部の血管につながれ、保護シールドに覆われて腿の付け根に置かれて、五四時間にわたって検査が行われた。二例とも、尿の産生などの腎臓の機能は正常で、経時的に採取した生検組織には超急性拒絶反応の徴候は見られなかった。ＰＥＲＶも検出されなかった。

こうして、超急性拒絶反応とＰＥＲＶという、異種移植における二つの大きな課題に解決の目処が立った。超急性拒絶反応という移植初期の問題が解決されることで、生着期間が延びていけば、より長期的な課題を発見できるようになるだろう。また、ＰＥＲＶが除去されることで新たな人獣共通感染症が出現する可能性は低くなるだろう。異種移植の技術は、ついに本格的な実用化に向けた、次の段階に入ったのである。

抗アレルギー食品に転用されたガルセーフ豚

二〇〇九年、米国ノースカロライナ大学のスコット・コミンズらは、赤身肉を食べた後にアナフィラキシーや皮下浮腫、蕁麻疹の症状を示した二四名の血液中に、αガラクトースに対するIgE抗体*が検出されることから、αガラクトースによるアレルギーと診断し、アルファ・ガル症候群と命名した。意外なことに、ほとんどの人は牛肉、豚肉、羊肉などを食べた直後ではなく、三〜六時間後に症状が出ていた。この症例についての論文が二〇〇九年に発表されると同じような症例が急増し、二〇一二年には米国南部と西部地域で数千人の症例が見つかり、さらにヨーロッパ数カ国とオーストラリアでも同じような症例が見出された。

症状は軽いものから重症までさまざまで、主に、豚、牛、羊の赤身の肉で起こっていた。多くの食物アレルギーの発症が急速に起きるのとは異なり、肉製品を食べた後、数時間たってから現れるという特徴があった。

人はαガラクトースに対して自然抗体で排除しようとするが、それは血液中にαガラクトースが侵入した場合である。哺乳動物の肉を食べたり触ったりするだけならば、通常はなんの症状も起きない。この病気は、状況証拠から、ダニの唾液中に哺乳動物由来のαガラクトースが含まれていて、咬まれた際に感作されるために起きると考えられている。

αガラクトースは、前述のように旧世界ザルや類人猿、人類以外のすべての哺乳類に存在する。そのため正確には、アルファ・ガル症候群は、哺乳動物製品アレルギーと言える。アレルギーを引き起こすのは、肉などの食品だけではない。感受性の高い人は、ゼラチンを含んでいるキャンディや薬のカプセル、コラーゲンを含む化粧品、ラノリンを含む口紅でもアレルギーの症状を起こす。ウールのセーターを着て蕁麻疹が出る人もいる。調理中に出る肉の煙でアレルギー症状が出る例もある。

コミンズは、この病気の研究モデルとして、レビビコール社のガルセーフ豚の利用を検討していた。一方、二〇一七年にこのアレルギーと診断されたある人物がたまたまノースカロライナ州の農業委員で、食品医薬品局（ＦＤＡ）の手続きがいかに複雑かをよく知っていた。彼は、コミンズからガルセーフ豚のことを聞いて、レビビコール社に「抗アレルギー食品」としてＦＤＡに申請することを提案し、二〇二〇年、認可された。それまでに認可された遺伝子改変食品は、二〇一五年の成長ホルモン遺伝子が導入されたサーモンだけである。その際は承認までに、実に二〇年もの年月がかかっていた。

二〇二一年から、レビビコール社はガルセーフ豚の冷蔵肉をフェイスブックでつながっている患

＊　抗体には、ＩｇＧ、ＩｇＭ、ＩｇＡ、ＩｇＥの四種類があり、ＩｇＥはアレルギーの原因になる。新型コロナワクチンで産生されるのはＩｇＧ。

者たちに無料で発送し始めた。当初飼育していたガルセーフ豚は二五頭だけだったが、今後、大規模な養豚場に拡大してメール注文による宅配を開始するという。

レビビコール社は、異種移植用豚の開発の過程で、抗アレルギー食品という思いがけない事業を見出したのである。

第9章　医の倫理

異なる動物種の臓器を移植するという行為自体は、第1章で述べたように歴史的に早くから存在していた。しかし、異種移植が現代の医療技術として確立され、社会的に広く受け入れられるためには、技術的課題の解決や安全性の確保だけでなく、倫理的な問題も十分に検討されなくてはならない。本章では、異種移植という現代の新しい医療技術が倫理的にどのような問題を提起したのか、また、それについてどう考えていけばよいのかを追ってみたい。

生物医学と生命倫理

まず「倫理（ethics）」という言葉の意味を確認しておこう。英英辞典『ウェブスター』（*Webster's Third New International Dictionary*, 1993）で引いてみると、「道徳的義務または責任のもとに何が良くて何が悪いか、何が正しく何が間違っているかを判断するための規律」とある。一方、『広辞苑　第七版』を見ると、「人倫のみち。実際道徳の規範となる原理。道徳」と書かれている。基本的には、日常生活における道徳的判断を下す際の尺度ないし原則ということになろう。

異種移植の倫理的問題についての検討は、学術的には生命倫理《バイオエシックス》から始まった。生命倫理は一九七〇年ごろから欧米を中心に確立してきた比較的新しい学問領域であるが、異種移植をはじめとする現代社会の複雑な問題や事象を考察するうえでの主軸となっている。

振り返ってみると、生物学や医学の研究において、一九六〇年代は技術革新の波が次々と訪れた時代であった。腎臓透析、臓器移植、人工中絶、避妊ピル、胎児診断、人工呼吸器などの技術が登場し、医学・医療の様相を大きく変貌させた。そしてこのころから、人々はかつてのように自宅ではなく、病院で生まれ、病院で死ぬ時代へと変わっていった。遺伝子工学の兆しもこのころに現れている。

一方、レイチェル・カーソンの『沈黙の春』の出版に象徴されるように、人間による生産活動、経済発展、自然支配の結果として、このころから環境破壊が危惧され始めた。また、世界的な人権意識の高まりから、特に米国ではさまざまな人権運動が活発化し、社会的・政治的に大きな影響力を持ち始めた。六〇年代から七〇年代にかけては、現代社会の複雑で広範囲な道徳的問題が人々に認識されるようになった時代でもあった。

こうした背景のなかで「生命倫理《バイオエシックス》」という新しい学問領域が芽生えた。この言葉が最初に使われたのは、一九七一年に刊行された生物学者ヴァン・レンセレア・ポッターの著書 *Bioethics: Bridge to the Futures*（邦訳：『バイオエシックス——生存の科学』）である。以来、人の生存と人生の質の向上に貢献する学問領域として、欧米を中心に活発な学際的研究が進められてきた。

すでに医学の分野では、ヒポクラテス以来の歴史に根ざした「医の倫理」という概念があったが、これは医師の道徳的義務や医師—患者関係に重点を置いた規範である。生命倫理ははるかに広い範囲を対象としており、現在では、医学、生物学はもとより環境問題や人口問題など社会科学の一部も含めた、生命科学に関連する道徳的問題すべてを包括するものとなっている。

生物医学領域では、生命倫理についての国際的な規範が先行して存在していた。一九四七年八月に公表されたニュルンベルク綱領である。これは、かつてナチスの時代に医学の名のもとに行われた非人道的な人体実験への反省に立ち、人を対象とした医学研究の基本原則を倫理綱領としてまとめたものである。

この原則を土台として、一九六四年、いわゆる「ヘルシンキ宣言」が採択された。当初は「人間を対象とする生物医学《バイオメディカル》研究に携わる医師のための勧告」とされていたが、現在は「人間を対象とする医学研究の倫理的原則」となっている。これは、人を対象とした医学研究に関する国際レベルでの倫理的指針である。フィンランドのヘルシンキで開催された第一八回世界医師会総会で承認され、その後も修正が加えられてきた。現在は二〇一三年フォルタレザ総会（ブラジル）で修正されたものが採用されている。

ヘルシンキ宣言はその冒頭で、医学の進歩には人体実験が不可欠であることを認めたうえで、「患者の診断や治療を本質的な目的とした医学研究と、被験者にとっては直接の診断的・治療的価値をもたない純粋に科学的な見地からの医学研究とは、根本的に区別をしなくてはならない」と述べている。また、注目すべきは「研究に用いられる動物の福祉（Welfare）も尊重されなければならない」と明記している点である。医学研究における生命倫理には人だけでなく動物も対象に含まれており、被験者と同様に被験動物への倫理的処遇も明示されているのである。

このヘルシンキ宣言に織り込まれた道徳原理の適用について、国際医学団体協議会（ＣＩＯＭＳ）が一九七六年から検討を開始し、「人を対象とする生物医学研究に関する国際原則」を八二年に公表した。ＣＩＯＭＳは国連内でユネスコとＷＨＯ（世界保健機関）のもとに設立された組織で、日本では日本学術会議がこれに加入している。

一般的に日本では人を対象とした倫理面での議論は盛んであるが、動物福祉の面では非常に遅れている。一般社会はもとより、生物医学の分野も例外ではない。[*]動物福祉の問題については別章で詳しく述べることとして、ここでは人の医療技術の側面から異種移植にかかわるさまざまな倫理的問題を考えてみたい。

異種移植の倫理的問題に関する報告書

異種移植の倫理的問題については、当然のことではあるが異種移植の研究が進展している欧米での取り組みが先行している。まず、英国と米国の公式機関による三つの報告書の概要を紹介しよう。

異種移植の倫理的な問題について総合的な検討が行われた最初のケースとしては、一九九六年三月に出された英国ナフィールド生命倫理評議会による報告書「動物から人への移植——異種移植の倫理」がある。

この委員会は、国の医学研究協議会と民間のナフィールド財団およびウェルカム・トラストの資金によって運営されているもので、ここに設置された異種移植作業グループ（委員長：エセックス大学アルバート・ウィール教授）が検討を行った。この報告書では、特に動物の使用および動物への遺伝子導入の倫理上の問題、動物からの感染症の伝播、臨床試験の最初の患者の選定について検討されていることなどが特徴である。

これに続いて同年の九六年八月、英国保健相により設置された異種移植倫理諮問委員会が、さらに別の報告書「動物の組織を人へ」を発表している。この委員会は、委員長であるロンドン大学イアン・ケネディ教授の名前をとって通称「ケネディ委員会」と呼ばれた。まとめられた報告書は二五〇ページ余の内容で、異種移植研究の現状の総合的調査に基づき、科学的な観点から異種移植が倫理的に受け入れられるかどうかを判断している。同委員会は政府の諮問機関として、異種移植実施にあたっての倫理的枠組みに関する勧告も行っている。

＊　なお、私は一九九〇年に東大医科学研究所の倫理審査委員会の委員長として、脳死者からの肝移植の申請を承認したことがある。獣医学出身の私が倫理審査委員長に選ばれた最大の理由は、人だけでなく動物福祉を含めた視点からの検討が重要であるというＣＩＯＭＳの見解が教授会メンバーの間で共有されていたためである。

一方、米国でも時を同じくして、九六年七月、米国科学アカデミーの医学研究所が報告書「異種移植——科学、倫理および公共政策」をまとめている。

この協議会は連邦政府の諮問委員会としての役割も果たしている。報告書は九四年一〇月と九五年六月の二回にわたって開いたワークショップでの議論をもとに、感染症のリスクや新たに生じる倫理的・社会的問題を整理している。結論としては、確かな科学的基盤に基づいて適切な安全対策が講じられれば異種移植の推進は妥当であり、そのための研究費援助などが必要であると結んでいる。

以上三つの報告書を見ると、いずれにも共通しているアプローチは、(1) 臓器不足の問題の解決策として異種移植に代わりうる方策が存在しないことをまず確認した上で、(2) 異種移植の研究の進展状況を調査し、(3) それに基づいて異種移植が倫理的に受け入れられるかどうかを検討していることである。

一般的に日本では、倫理というとすぐに宗教や哲学の観点での議論が先行する傾向がある。一方、たとえば英国ケネディ委員会の構成メンバー九名の顔ぶれをみると、医事法と倫理学の教授であるイアン・ケネディ委員長はじめ、弁護士、ジャーナリスト、道徳哲学の教授や実験動物福祉のコンサルタントなど、大半は医学研究者以外の人々である。その報告書で科学的観点を基本とした論理の展開が示されたのは、私にとって目からうろこが落ちる思いであった。

これら三つの報告書の後、公的な報告書は発表されていない。また日本では、異種移植の倫理的問題についての検討は行われていない。

科学的観点からの倫理性

改めて強調しておきたいが、異種移植の倫理について検討する際に科学的基盤が必要であるという考え方は、三つの報告書いずれにも共通している。なかでもケネディ委員会の報告書は問題点をわかりやすく整理しているので、これに沿って以下に要点を紹介していこう。

遺伝子改変豚を用いた異種移植について、この報告書では生理学、免疫学、感染の三つの側面から問題点が整理されている。第4章で述べた内容といくらか重複する部分もあるが改めてふれておきたい。

第一の生理学的な観点からは、移植された臓器がはたして人の体内で期待される機能を発揮するかどうかがまず問題となる。移植をしてもその臓器が機能しなければ移植の意味はなくなる。この観点でみると、機械的な機能を担う臓器である心臓と肺は機能する可能性がある。その点で倫理的に受け入れることができるという判断である。

腎臓や肝臓となると、これらは機械的な機能だけではなく生化学的代謝機能も有する。たとえば腎臓は老廃物を生化学的な反応で濾過しており、そのなかには尿酸のような重要な物質も含まれている。人の腎臓は尿酸の約九〇パーセントを再吸収するが、豚の腎臓はこれを分泌するといった違いがある。この違いがどのような意味をもつことになるかはわからない。肝臓は第4章でも述べた通り複雑な化学工場のような働きを担っている。そこでは種々の血液凝固因子も作られる。豚の肝臓が作った血液凝固因子が、人体で血液凝固が必要な時に正常に働かないと、出血を起こす危険がある。こうした生理学的な側面についてまだ不明な点が多い。

以上のような背景から、豚の腎臓や肝臓を体外で一時的な補助装置として用いることは可能かもしれないが、移植によって人の臓器と置き換えることには疑問が残っているとして、報告書では判断を避けている。

膵臓細胞の移植に関しては、人の血糖値が豚のそれよりも高いレベルに調節されるようになっていることが指摘されている。人の身体のなかで、移植された豚の膵臓細胞がたえず高いレベルのインスリンを産生するような指令を受けて、インスリンの過剰産生を引き起こすことはないか、といった複雑な問題も指摘されている。

第二の免疫学的な観点では、移植による拒絶反応がもっとも大きな問題となる。特に異種移植では、移植直後に起こる超急性拒絶反応の克服が最重要課題である。この点については、第5章で述べたようないくつかの方策が検討され、また今後も新しい手段が生まれる可能性もある。報告書が作成された当時、すでに人の補体制御タンパク質遺伝子を導入した豚が開発され、その心臓をサルに移植した実験では六〇日も生着したという成績が得られていた。[*] この結果から、超急性拒絶反応を回避する可能性があるとみなされ、この点では倫理的に受け入れられると判断している。

しかし、最大の難関である超急性拒絶反応を乗り超えられても、その後には急性拒絶反応、続いて慢性拒絶反応があり、これらは今後の問題として残ると指摘している。

第三の感染の観点として、移植された豚の臓器が拒絶されずに正常に機能したと仮定しても、豚の臓器から人への感染の問題が残る。移植を受けた人が豚の臓器由来の病原体に感染し、病気になったり、死亡するおそれはないか。さらに、患者の家族や医療従事者など周辺の人に感染を広げるおそれはないか。ひいては感染が社会へとさらに広がるおそれはないかといった問題が指摘されている。

また、微生物汚染のない移植用の豚の生産方法や、問題となる病原体に関する知見などを調査した上で、カビ、寄生虫、細菌による危険性はSPF豚の使用でかなり減少させることができるとしている。しかし、ウイルスによる危険性の減少には限度があり、感染を広げるかもしれないこと、まだウイルスについては知識が十分に得られていないことを指摘している。

結論として、感染の危険性についての十分な調査をさらに行って、リスクが許容しうる限界内であれば、人での試験を進めることは倫理的に受け入れられるであろうと結んでいる。以上がケネディ委員会の報告書のあらましである。

政府は「異種移植は倫理的に受け入れられる」という委員会の結論に同意した。ただし、「患者の利益と安全性がさらに示されるまでは臨床試験を行わない」と付け加えた。前半は異種移植研究の容

* 二〇二二年現在では九〇〇日以上生着した例が報告されている。

** 現在はDPF豚が用いられている。

*** 前章で述べた通り、この報告書が出た一九九六年の時点では、PERVを豚から取り除く手段はまだ見つかっていなかった。

認であり、後半は人に対する臨床試験のモラトリアムである。いつゴーサインが出るかは、安全確認に関する研究の進展にかかっていることになる。

なおこの見解に対して、英国の二つの大新聞がまったく異なる見出しで報じた。「デイリー・テレグラフ」は「異種移植にゴーサイン」、「ロンドン・タイムズ」は「異種移植の禁止」である。このように正反対に受け止められたのは、この問題の複雑さを反映しているのかもしれない。

遺伝子導入豚から派生する社会的問題

一方、ナフィールド生命倫理評議会の報告書では、移植用の豚に対する遺伝子改変に関する意見が述べられている。

異種移植のドナー動物として候補になっているのは、人の補体制御タンパク質遺伝子を導入した遺伝子改変豚である。当時、すでに臨床試験の候補となっており、また、今後もこの遺伝子改変豚の利用が予想されていた。では、通常の豚とは違うこの遺伝子改変豚の利用についてどんな問題が生じてくるのか。この点について報告書では次のような考察と意見を列記している。やや単純化しすぎた議論のように思えるが、概要を紹介してみよう。

まず第一に、種の境界は確固として侵されないものではなく、進化とともに現に変わってきている。遺伝子改変技術は、動物を交配させる伝統的な育種技術の延長にすぎないという意見もある。下等動物では遺伝情報が自然界で別の種に伝えられることもある。たとえば、細菌の間では抗生物質耐性の遺伝情報がプラスミド*により渡っていくことがある。人の遺伝情報を豚に移すことと、細菌で起きている出来事との間に、有意な質的差は考えにくいのではないかとの意見もある。

第二に、人由来の遺伝子が人間性の本質にかかわる特定の要素を担っているかは疑問である。個々の遺伝子は、ほかのすべての遺伝子と協働してゲノムを構成することで、人という種の特徴を実体化することに貢献している。単独の遺伝子について考えるならば、人由来のものであってもそれが人らしさを表すものとは言えない。同様に、ある動物から得られた遺伝子が、その動物の特性を表すものとは言えない。もしこの考えが受け入れられるならば、ある種から別の種への遺伝子を移転する意義は非常に小さくなるだろう。異種移植用に導入される人の遺伝子は、現在のところ一つか二つであり、**今後もそれほど多くなるとは考えにくい。豚のゲノムは五万ないし一〇万の遺伝子をもっており、遺伝子導入により加えられるのは豚の細胞の表面抗原へのきわめてわずかな変化にすぎない。

少量の人由来の遺伝情報を挿入することが、いかなる意味でも豚を人に変えるとは考えられない。遺伝子導入が多くの人に受け入れられるかどうかは、それが人間の生活の維持あるいは向上のためかどうかにかかっている。したがって、遺伝子改変豚を異種移植に用いることは倫理的に受け入れられ

＊　染色体DNAから独立して増殖することができる核外遺伝子の総称。主に細菌やアーキアに見られる。子孫だけではなく、他種にも遺伝情報を伝えることがある。
＊＊　後述のレビビコール社の豚では、七個のヒト遺伝子が導入されている。

る、と報告書では結論している。

臨床試験の実施に伴う問題

英国の二つの報告では、異種移植の実用化に向けて、臨床試験として移植を受ける患者たちに注目している。多くの場合、新しい重要な医療技術はただちに成功に結びつくものではない。このことは医学の歴史が示す通りであり、異種移植の場合もこれにあてはまる。

そこで生じてくる重要な問題は、人での最初の臨床試験に進むのは倫理的観点からどの時期が妥当か、次に、この最初の患者の福祉をどのように保護するのかということである。実験的な処置として異種移植を患者に勧めることが原則として倫理的であるならば、実験への参加については患者の十分な理解のもとに、自由意思による同意の手続きを確保したうえで、安全対策を考える必要がある。

現実に、過去に行われた異種移植の経験から、はじめのうちは異種移植のレシピエントが生存するチャンスは少ないと予想される。新しい治療法の試験では、未知の予想できない危険を避けることはできない。豚の腎臓が人の身体のなかで適切に機能するかどうかを予測することは不可能である。したがって、動物実験の成績から臨床試験が妥当とみなされるようになっても、危険性を伴う手術であることは間違いないであろう。

動物実験の成績から本格的移植に入る決定を行う際には、移植専門家の間で慎重な議論を重ねるシステムを設けることが必要であろう。たとえば、スペインの異種移植に関するガイドラインでは、サルの実験で、移植臓器が六カ月間生着することが必要条件のひとつに挙げられている。

また、患者が子供の場合にはどのように考えれば良いだろうか。たとえば、先天性心臓欠陥を持った新生児の場合、移植のための心臓はきわめて不足している。嚢胞性《のうほうせい》線維症の子供への心臓と肺も不足している。このことが新生児や子供への異種移植を正当化すると言われており、現実にプロローグで紹介したようなベビー・フェイの例がある。しかし、異種移植には大きな不確実性があり、それに伴ういくつかの問題が大人の試験である程度除かれるまでは、子供での臨床試験は困難だろうというのが一般的な意見である。

現在、医学・医療上の実験および治療を行う際は、前述のヘルシンキ宣言の道徳原理に基づいて、患者または被験者の人権と自由意思を尊重することが国際的なルールである。具体的にはインフォームド・コンセントを得ること、すなわち医療の内容について医師はリスクやほかの選択肢も含めて十分に説明し、患者または被験者の自発的同意を得ることが医学・医療の原則となっている。

異種移植では、もしも豚由来のウイルス感染が患者に起こった場合、患者だけでなく医療従事者や家族、さらに最悪のシナリオでは社会への危険性が生じるかもしれないという議論がある。したがって、患者あるいは被験者個人へのインフォームド・コンセントだけでなく、臨床試験に無関係な人々へのインフォームド・コンセントも必要になる可能性がある。さらにこのことは、患者以外の人々に対する感染のリスクを管理したり、感染のリスクを低減したりする方法はあるのかといった問題にもつながる。

また、異種移植を受けた患者は手術後も一生、ウイルス感染についての医学的監視を受けることを要求されよう。ここでは、説明の上での同意《インフォームド・コンセント》に加えて、説明の上での契約《インフォームド・コントラクト》のようなものが必要になるかもしれない。

こうした問題点のほかに、米国の医学研究所の報告書では、異種移植の危険性は感染に限ったものではないとして、さらにもうひとつの問題点にもふれている。異種移植が宣伝されるにつれて、この技術の実現がまだ先のことであるにもかかわらず、臓器提供の意思を示す人が減少するのではないかという危惧を抱く移植医もいる、と指摘している。

そのほか、異種移植が現実的な医療となってきた場合に、人と動物の臓器の分配をどのように決めるのかという問題が生じる。事実上、社会的地位によってしまうのか、つまり強者が人間の臓器を、弱者や公民権のない人が動物の臓器を利用するということになるのか。また、他人の臓器を持った人はしばしば思い悩むことがあると報告されているが、動物の臓器移植を受けた人の場合も同様な問題が起こりうる心理的要素はあるのか。あるとすれば、人の臓器の場合よりも拡大あるいは増強されるのか、といった問題点も米国の報告書では述べられている。

異種移植を体験した人々の視点

異種移植がもつ多様な倫理的問題について述べてきたが、最後に異種移植体験者の視点を紹介しておきたい。異種移植を支える研究や技術、それに伴う感染リスクなどの問題は非常に専門的なものであり、いきおい専門家による議論が中心となりがちである。しかし、異種移植を受ける当事者は患者であり非専門家である。また、感染リスクの観点から見れば、患者以外の家族や不特定多数の人々もまた、異種移植と無縁ではなくなる。異種移植について考える際は、患者や一般市民の視点を忘れてはならない。

前述の米国・医学研究所の報告書では、患者の視点からの報告も内容に織り込まれており、公聴会の場での患者や家族の発言が紹介されている。そこに見られるはっきりしたメッセージは、医学、科学、倫理および公衆衛生といった関係分野の委員会での意思決定の際に、しばしば患者が締め出されているという意見である。

こうした観点から、エイズ患者ジェフ・ゲッティへのヒヒの骨髄移植は、ひとつの参考例として肯定的に評価されている。この移植手術は米国・食品医薬品局（ＦＤＡ）の承認のもとに行われており、また、エイズ患者団体の代表がこの治療法の応用の議論に加わってもいる。さらに、ジェフ・ゲッティ自身もこの実験的な治療計画の立案に参加しているからである。

報告書のなかで、エイズ活動家団体の代表のひとりは、新しい治療研究に対する患者にとっての共通した葛藤をこう訴えている。

「究極の目的は何か？　公衆衛生にかかわる疑問に答えるためなのか、それとも興味ある学術的疑問に答えるためなのか？　加えて、その興味の対象となった疑問点は公衆衛生に役立つことにつながるのか、それとも単にもっと興味深い学術的疑問を提示することになるのか、実際には理解することができない。研究の遅れが純粋に学術的な議論が行ったり来たりしているためかは疑わしい。多くの遅延が、科学よりも科学者の自己利益のために起きていることは明らかである。時おり企業の利益がそれにからむ。その結果は最終的に患者を傷つけることにつながる」

また、移植の経験を持つ患者のひとりは、初期の移植の実験に参加した人々について次のように述べている。

「科学の名のもとで、自分の生命を犠牲にした人たちがいる。移植の歴史において初期の研究に参加した大部分の人たちは、明らかにそれにあたる。これらの初期の患者たちは危険という大きな重荷を背負っていた。しかし、初期の肺の移植のように、もし彼らの参加がなければ——現実に彼らの何人かは研究に参加することで自分の生命を犠牲にしたのだが——、移植を受けたわれわれは今ここにはいなかっただろう」

さらに、豚の肝臓による体外還流を受けた少年の母親の発言も紹介されている。この少年は一九七二年、幼児の時に肝炎にかかり、その後多くの合併症を併発して症状が悪化した。八六年に小児の患者にも肝臓移植が行われるようになったが、実際の手術件数はきわめてわずかであった。ようやく移植を受けることができたものの、少年の容態は厳しく、二回目の移植が必要となった。すぐにはドナーが見つからず、医師は時間を稼ぐために豚の肝臓での還流を母親に提案した。一時的な異種移植である。母親はその時の心境をこう語っている。

「豚の肝臓が提案された時、私はそれが豚であるという事実を考えませんでした。病気との闘いに負けつつある私たち、絶望的な者たちは、絶望的な手段をとることになります。その時息子は自分について話すことはできず、私が彼の代わりでした。もし息子がその手術を望んでいなかったとしても、すべてが終わってからでなければ彼は私に何も告げることはできなかったのです」

患者からの発言として、メディアを通して紹介されたものにもふれておこう。一九九八年一二月、NHKでインターネットを利用した「地球法廷」というユニークな国際討論番組が放映され、ここでも異種移植の経験者の発言があった。そのひとりはヒヒの骨髄移植を受けた前述のジェフ・ゲッティである。

「移植後、私は移植前よりも体調が良いと感じていたのですが、それが続いたのは一年ほどでした。その後、私の健康状態は衰えました。臓器を長期間にわたり生着させることができなかったのです」

「多くの人々が異種移植を恐れているのは、それがある種の境界線を超えてしまうことになるからです。そのことを私が今知っているのは、移植後、私は人々に特殊な扱われ方をされたからです。私は百パーセントの人間とはみなされていなかったのです。数多くの冗談を言われ、それらはしだいに残酷なものになっていきました。バナナを差し出されたこともしばしばあります。そのことによって私は人前でバナナを食べようとしなくなりました。なぜなら、私が人前でバナナを食べれば大騒ぎになるからです」

もうひとりの発言者、米国オハイオ州のエリック・トーマスは、「豚が命の恩人です」と語った。トーマスは一九九二年、肝臓病から昏睡状態となり危篤に陥った。肝臓の移植手術を受けることになったが、人の臓器が届くまでの間、一時的に豚の肝臓を代用し、五日後に人の肝臓の移植を受けたのである。

「昏睡状態になった時、父が豚の肝臓を使ってよいと同意したらしい。手術の前に聞かされたわけではないので最初は不気味だったけれど、命が助かったのだからよかったなと、しみじみ思います。豚を尊敬するようになりました」

その後、トーマスは社会復帰したと伝えられている。

ところで、米国ピッツバーグ大学のトーマス・スターツルによって、一九九二年にB型肝炎の患者へのヒヒの肝臓移植が行われたことは前に述べた。この手術には藤堂省が参加している。九八年一一月、東京で異種移植に関する農林水産省主催のシンポジウムが開かれ、藤堂はその時の講演のなかで、この患者が一時的に回復して医師団といっしょに撮影した写真のスライドを映しながら、手術前日に患者が医師に語った言葉を紹介した。「移植の手術に関してはあなたがたを信じる。もしも失敗してもあなたがたは何かを学ぶだろう。それを次の人に役立ててほしい」と。

この手術が行われた九二年は、日本では「臨時脳死及び臓器移植調査会」の答申が出された年であり、脳死移植への準備が進み始めた時期であった。このヒヒの肝臓移植については、患者のインフォームド・コンセントが英語による全文と日本語訳で「モダンメディシン」誌に掲載された。その冒頭での患者の言葉を抜粋する。

「私は慢性B型肝炎と診断されています。私のような場合、新しい肝臓を移植してもふたたびB型肝炎に感染することがわかっています。そのため、私は人間からの肝臓移植を受ける資格がありません」

「私は医師団から、ヒヒの肝臓を移植するという例外的な臨床治験の申し出を受けました。ヒヒの肝臓を人間に移植することはいまだかつて行われていません」

「この方法をとったからといって、私の生存する確率はまったく分かりません。またヒヒの肝臓がB型肝炎のウイルスに感染するかどうかも明らかではありません」

「ヒヒの肝臓が機能しなかった場合でも、私には人間の肝臓を受ける資格がありません。しかし、別のヒヒの肝臓を受ける可能性は残されています。別のヒヒの肝臓を拒否することもできますが、その場合は落命につながるでしょう」

三〇年以上前、異種移植という、まったく新しい医療技術の開発が進み始めた際に、医の倫理をめぐって、これまで紹介したような活発な議論が起きた。異種移植が現実的な医療へと前進しつつある現在、あらためて問題点を洗い出して検討することが必要であろう。

第10章　動物福祉

前章で紹介したように、生命倫理《バイオエシックス》の対象には人だけではなく動物も含まれている。動物福祉の概念や論理的枠組みは、経緯としては欧米で固められてきたのだが、現在は国際的な合意に基づくものとみなされるようになっている。一方、日本での動物福祉に対する取り組みは、いまだに漠然とした心情的なレベルのものが中心で、論理に基づく欧米とはきわめて対照的である。

動物福祉の問題は、異種移植はもとより、前述の動物工場など、動物バイオテクノロジーの進展とも大きく関係している。こうした最先端技術については、ともすれば人びとの関心がテクノロジーの側面のみに向かいがちだが、技術の倫理的基盤として動物福祉は切り離せない。また、国際的にもそれが共通理解として求められている。本章では、生物医学研究と密接な関係にある動物実験と、それと不可分である動物福祉について、歴史的経緯や問題点を含めて現状を整理してみたい。

動物実験と動物虐待防止運動の歴史的変遷

まず、「動物福祉」の概念について、特に「動物の権利」との違いを説明しておこう。「動物福祉」とは、実験をはじめ食用、狩猟などさまざまな形で人が動物を使用することに対して、その行為によって得られる全体的な利益が、動物が耐え忍ぶ苦痛を上回る場合にはそれを認めるとする立場である。ただし、その際の条件として、動物に不必要な苦痛を与えないようにするという人道的な取り扱いが求められる。

一方、「動物の権利」とは、実験であれ、畜産であれ、また野生であれ、人が利益のために一方的に動物を使用することは動物の権利を否定するもので、原則として間違っているとする立場である。この考え方や運動についても後でふれるが、動物福祉と動物の権利は異なる概念であることを最初に述べておきたい。

動物福祉について説明するには、医学における動物実験の歴史からひもとく必要がある。古くから医学の領域では、人や動物の病気を理解するためには身体の解剖が不可欠であると考えられてきた。それが科学的手段として活発に行われるようになったのは、一四世紀から一六世紀にかけてのイタリア・ルネサンスの時代である。芸術の分野ではレオナルド・ダ・ヴィンチが活躍したころとも重なるが、彼が人体の構造への探究心から多くの解剖図を描いたことはよく知られている。

こうして解剖学が進展し始めた。まだ麻酔がなかった当時の実験は生体解剖と呼ばれていた。生理学の研究は生きた動物の外科的処置や解剖を伴う。したがって、この時代の解剖学や生理学の研究は倫理的な問題に対する挑戦でもあった。一七世紀、英国のウィリアム・ハーヴェイは血液の循環と心臓の構造を明らかにしたが、その業績は、イヌでの生体解剖によって得られたものであった。当時この実験は激しい批判を浴びたが、宮廷医師であったハーヴェイはウィンザー城のなかで依然として動物実験を続けていた。

一九世紀後半になると、フランスのクロード・ベルナールが病理学、生理学、組織学、生化学などの医学知識の集大成である『実験医学序説』を出版し、そのなかで動物実験の重要性を強調した。事実、彼の業績である消化の生理学、肝臓の機能、肝臓でのグリコーゲンの発見、迷走神経の発見、そしてストリキニーネやクラーレ、二酸化炭素の中毒の機構の解明といった数々の成果は、イヌなどを用いた動物実験によるものであった。しかし、彼の妻マリー＝フランソワーズは動物実験に強く反対し、離婚後、生体解剖反対団体を設立した。

生体解剖に依存した医学研究の進展と並行して、生体解剖への反対運動も盛んになっていった。英国のロンドンでは、一八二四年に動物虐待防止協会が設立され、一八三七年のヴィクトリア女王の即位後に王立の名称が与えられ、王立動物虐待防止協会となった。ここで動物福祉のイメージが高まり、同時にこの協会の貴族社会での地位を高めることにもなった。しかし社交的娯楽としての狩猟など、貴族社会の習慣について議論することはタブーであった。

パリ郊外のメゾン・アルフォールに、フランスの名門アルフォール獣医大学がある。一八六三年、ここで行われた動物実験が大きな物議をかもすことになった。殺処分されることになっていた馬が学生の実習に供され、麻酔することなく実験に用いられたのである。それより前の一八四〇年代には、エーテルで全身麻酔が可能であることが米国のボストンで明らかにされていた。にもかかわらず、この馬は死亡するまで数時間にわたって、六〇以上にも及ぶ外科的処置を受けたという。

このニュースが「ロンドン・タイムズ」で報じられたため、英国の獣医師会は集団抗議を行い、フランスの新聞までがこれに賛同した。英国人の根底にあるフランス人への伝統的な敵意も加わり、英国の世論が動物虐待防止の方向に大きく傾いていった。この渦中で、王立動物虐待防止協会に対して行動が慎重すぎるという批判が起こり、新たにヴィクトリア・ストリート協会が設立された。この協会が議会に陳情して一八七六年に「動物虐待防止法」が生まれ、内務省の所轄となった。

ほどなくフランスでも動物実験に反対する動きが出始め、一八八三年にはフランス生体解剖反対協会が結成され、ヴィクトル・ユゴーが初代会長となっている。だが同じころ、同じフランスでルイ・パスツールが狂犬病ワクチンの開発などに成功し、国民的英雄となっていた。彼の一連の実験もまた動物実験に依存していたため、動物実験への期待がフランス国民の間で高まっていった。

生体解剖に反対するグループは、さらに積極的に動物実験禁止の方向へと戦術を強めていった。これに対して、多くの医学雑誌が動物実験の重要性を強調する記事を掲載した。一八八一年にロンドンで開かれた国際医学会議には、医学研究の歴史に残る人びと、オウエン、ハクスリー、コッホ、パスツール、フィルヒョウといった顔ぶれが集まった。彼らは動物実験の人類への貢献を強調し、医学の進歩は人類および動物のいずれにも役立つもので、動物実験はそのために不可欠なものであるという結論を発表した。

さらに二〇世紀に入ると、英国で一九一一年に「動物保護法」が制定された。時代が下って二〇世紀後半になると、実験動物に関する法律として一九八六年に「動物（科学的処置）法」が制定された。これは世界各国、特にヨーロッパ諸国の実験動物に関する法規制に大きな影響を与えた。一九九一年にはヨーロッパ連合の発足に備えて、ヨーロッパ共同体の理事会が「家畜の福祉についての指針」を作成した。これに基づいて英国では、九四年に「家畜福祉規制法」が新たに制定されている。

一九世紀後半からの約一〇〇年間に、英国では「動物虐待防止法」「動物保護法」「動物（科学的処置）法」「家畜福祉規制法」と、動物に関連した法的基盤が四つ整備されたことになる。

米国の動きにもふれておこう。米国では、市民戦争（南北戦争）の際にロシアで外交官をつとめていたヘンリー・バーグが英国での王立動物虐待防止協会の集会に参加し、外交官を退職後、米国にも同様の協会の設立を計画した。これはニューヨーク州で一八六六年に承認され、米国動物虐待防止協会が生まれた。そして、ほかの州でも同様の協会が設立されていった。

米国科学アカデミーは一九五三年に実験動物資源協会（ＩＬＡＲ）を設立し、同協会が六三年に「実験動物の管理と使用に関する指針」を作成した。その後何回か改定され、現在は二〇一一年改定の第八版が用いられているが、これは本文だけで一五〇ページ以上にわたる詳細な内容である。一方、米国議会は一九六六年に「実験動物福祉法」（現在は「動物福祉法」）を作成した。これは農務省の動植物健康監視局の所管になっている。

動物実験の国際的原則

現在、医学における動物実験については、国際組織によって倫理的基盤に基づく指針や規定が設けられている。

国際実験動物学会議（ＩＣＬＡＳ）は一九七四年、「動物実験の規制についてのガイドライン」を作成した。また前章で紹介した国際医学団体協議会（ＣＩＯＭＳ）は「人間を対象とする生物医学研究に関する国際原則」を八二年に作成した組織だが、人に続いて動物版の策定作業にとりかかり、三年間の検討を経て「動物を用いる生物医学研究に関する国際原則」が八五年に発表された。これは、人での実験の場合と同様に、各国での動物実験の実施に際して規制に役立つ論理的枠組みを提供したものである。

このなかで特に強調されているのは「３Ｒ」の考え方である。３Ｒとは、Replacement（置換）、Reduction（使用動物数の削減）、Refinement（洗練）の頭文字を合わせたものである。順に説明しよう。

「置換」とは、できるだけ下等なほかの動物に置き換えること、たとえば哺乳類の代わりに昆虫を用いるとか、できれば培養細胞のような試験管内の実験に置き換えることである。

「数の削減」は、文字通り実験に用いる動物の数を必要最小限にしぼることである。「洗練」は、実験操作を向上させて動物の苦痛の軽減を図ること、特に麻酔などの適切な配慮を行うことである。現在、動物実験を行う際には、これらの3Rが動物福祉の原則として国際的なコードとなっている。

3Rの考え方は、一九五九年に英国の科学者ウィリアム・ラッセルとレックス・バーチがまとめた『人道的な実験技術の原理』という本のなかで初めて提唱されたものである。のちに、七八年、生理学者のデイヴィッド・スミスがこの3Rをまとめて「Alternative（代替）」とすることを提唱した。それ以来、3Rと代替という用語が同義語のように用いられるようになっている。

米国議会の技術評価局（OTA）は、一九八六年に「研究、検査、教育における動物使用の代替」という四〇〇ページにのぼる膨大な報告書を作成している。このなかで、実験動物の三つの利用領域として生物医学および行動科学、毒性試験、学生教育を挙げ、それぞれの領域で代替（3R）を推進する際の問題点を整理し、それに対して議会がとりうる対策を分析している。

動物福祉における重要なキーワードとして、右に挙げた「代替」（または3R）のほかに「人道的取り扱い」または「人道的配慮」がある。たとえば、米国保健福祉省公衆衛生局の規範の表題は「実験動物の人道的管理と使用」となっている。

また、EC（欧州共同体）の動物実験指針には、「人道的な殺処分」という用語の具体的な定義として、「実験に使用する動物の種類別に、動物に与える肉体的、精神的な苦痛を最小限にとどめる殺処分法」とある。実験動物の人道的取り扱いとはすなわち、動物に与える苦痛を最小限にとどめる配慮と言ってよい。

このように、動物福祉における論理的枠組みはまず欧米で生まれ、それが国際的な規範となってきた。だが、その背景にはキリスト教文明を中心とした西欧における長い動物虐待の歴史があり、動物福祉の倫理的基盤はその反省から生まれてきたことも理解しておく必要がある。ヘルシンキ宣言がナチスの人体実験に対する反省から生まれたことはすでに述べたが、動物福祉もそれと同じ構図をなしていると言えよう。

そこで、動物に対する人々の意識や位置づけが、西欧の文化・文明のなかでどのように変遷してきたかを次にたどってみたい。

西欧における動物観の宗教的、哲学的な背景

ヨーロッパ文化における動物観の特徴を一言でいえば、人間と動物の間にはっきりした境界を設けていることである。これにはキリスト教が深くかかわっている。

キリスト教の伝統では、動物は倫理的考慮の外に置かれており、神の似姿に作られた人間にあらゆる動物への正当な支配権を行使する権限が与えられている。聖書の創世記では、最初の天地創造の際に、神が人間を動物の上に位置づけたと書かれている。「神は言った、「われらの像《かたち》に、われらの姿に似せて、人を造ろう。そして彼らに海の魚《うお》、空の鳥、家畜、地のすべてのもの、地上を這うものすべてを支配させよう」」(『旧約聖書I　創世記』月本昭男訳、岩波書店、一九九七)。神の怒りによる洪水の後、神はノアとその子孫を祝福し、「生きてうごめくものはすべてあなたがたの食物《しょくもつ》となろう」

と告げている。

池上俊一によれば、キリスト教では動物は時に悪の権化となる。砂漠の隠者が登場する聖者伝では、人里離れた砂漠で修行に励む聖者の前に、ヘビ、イヌ、カラス、豚などの動物が現れて聖者を苦しめ、誘惑している。その一方、キリスト教には友好的な動物、聖なる動物も登場する。創世記ではアダムとイヴの追放以前の「地上の楽園」であらゆる種類の動物が平和に暮らし、人間とも争うことのない様子が描かれている。すなわち、悪としての動物と聖なる動物の両極性がヨーロッパの動物観の根底にあるという見解である。

松井健によれば、イスラム教では人間は宇宙の中心的存在としてその重要性が強調されており、動物は人の利益のために存在するものとみなされている。動物は神の創造物であり、それらは神によって人間のために創造されたことを人間がよく認識し、感謝をもって用いることが基本とされている。コーランでは「アラーの創造物に親切にすることは、自分自身に親切にすることである」と述べられており、動物への良い行為と悪い行為は、人間に対する場合と同様であるとされている。

このイスラム教の教えは、背景にある風土と切り離しては考えられないというのが松井の意見である。西アジアの乾燥地帯では、農耕であれ牧畜であれ交易であれ、ごく合理的な家畜との関係がなければ人の生存は困難であり、そうした厳しい風土での人間と動物とのかかわりの原型がここに示されているというわけである。

一方、日本では、動物と人間とは根本的には対立せず共存してきており、動物と人との境界はむしろ曖昧でさえある。一二世紀から一三世紀にかけての作品と伝えられる京都・高山寺の「鳥獣戯画」では、サル、ウサギ、カエルなどが擬人的に描かれている。神道では八百万《やおよろず》の神として、動物は時に神と同列にまでのぼりうる存在である。また、仏教では輪廻転生の思想から、人と動物は共通の魂を持った連続性のある存在であって、動物は道徳的に取り扱うべき対象とみなされている。

実際に、人の生活とのかかわりを見ると、牛や馬は畜生として酷使される一方で、馬頭観音の像が物語るように人が日常のなかで動物の霊を慰め、祈るという習慣もあった。こうした側面は今日でも続いており、現在、動物実験を行っている医学研究施設のほとんどが、毎年、動物慰霊祭を開催して僧侶または神主による動物供養を行っている。

民俗学者の谷川健一は、人間と動物の関係について欧米と日本とを比較して、一神教であるキリスト教の秩序理念では神、人間、動物の関係が垂直的かつ不可逆であるのに対して、日本では神、人間、動物の間につよい親和力があって、その関係は円環的かつ可逆的であると指摘している。そして動物愛護といっても、ヨーロッパでは人間の下位に属する生物への保護の精神が根底にあり、日本では人間と連続する仲間へのいたわりの心があると述べている。

宗教的な背景から視座を移して、哲学的な背景からも西欧の動物観をたどっておこう。

古代ギリシャの哲学者アリストテレスは、自然をヒエラルヒーとしてとらえる自然観を持っていた。万物はある目的のために存在しており、「理性的ではない存在」の究極の目的は、「理性的である存在」の必要を満たすために役立つことである、と彼は考えた。こうして、植物は動物の食べ物として役立つために存在し、人間以外の動物は人間の食べ物や衣服になるために存在する、という見解を示した。

アリストテレスのこの考えは、人間を特別な地位に位置づけるキリスト教の考え方にうまく合致し、一三世紀の神学者トマス・アクィナスによってキリスト教神学のなかに取り入れられた。彼は、動物への虐待に反対する理由が成立しうるのは、動物への虐待が人間に対する虐待につながるおそれがあるという点のみである、とした。すなわち、動物に苦痛を与えることそれ自体には、なんら悪いことはないと考えたのである。

この考え方はローマ・カトリック教会の公式見解として長年にわたって受け継がれ、一九世紀半ば、ローマ教皇ピウス九世がローマの動物保護協会に設立許可を与えることを拒否する根拠にも利用された。

動物は目的に対する手段として存在し、その目的は人間であるとする考えは、近代哲学の創始者とされる一七世紀フランスのルネ・デカルトによって、動物機械論へと発展していった。

彼によれば、動物も含めすべての物質的事物は、ちょうど時計の運動を支配しているのと同じ力学的原理によって支配されている。他方、意識は物質とはまったく別のものであり、人間は物質世界と不滅の霊魂の世界の両方に属する。すなわち「我思う、故に我あり」ということになる。動物は霊魂をもたないため、意識をもつことができず、ゆえに機械にすぎないとデカルトは考えたのである。

また、デカルトは哲学者であると同時に、解析幾何学の父と言われる科学者のひとりでもあった。

彼は人体についての本のなかで、ハーヴェイの血液循環説を調べるためにみずから生きたイヌの心臓を切開し、拍動の長さを計っている。そして、同世代の科学者に対して生きた動物の解剖での研究を行うよう勧めている。これは動物を機械とみなした考え方による。

この考えをさらに推し進めたのは、一八世紀のドイツの哲学者イマヌエル・カントである。彼は動物の利用について人間中心主義的なキリスト教の見方を支持し、法的な関係は理性のある生きもの、すなわち人間の間でのみ成り立つと述べた。動物は単なる物体にすぎないとみなしたのである。しかし、ものを言わない動物に対する優しさは人類に対する人間らしい感情を育むとして、動物に暴力をふるったり残酷な行為を行うのは、人間の品位を下げることになるため控えるべきであると主張した。

一八世紀後半から一九世紀にかけて、功利主義を唱えたことで有名な英国の哲学者ジェレミー・ベンサムは、ネコの愛好家であった。功利主義は最大多数の最大快楽（幸福）を道徳的判断の第一原理とする考え方であり、そこでの究極の問題は快楽か苦しみかということである。すなわち、ある行為の道徳的是非を考える場合、それが苦しみをはるかに上回る快楽をもたらす場合には正当化されるとした。そして、感覚のある生きものすべてについて、快楽と苦痛をはかりにかけた。ベンサムは、動物を道徳的考慮から除外することに反対し、動物も人と同様に苦しみに弱い生きものとみなした。

彼は一七八九年に出版した『道徳と立法の諸原理序説』のなかで、「問題は彼らが理性的にふるまえるかということではない。彼らが話ができるかということでもない。彼らが苦しむことができるかということである」と述べている。カントやキリスト教の伝統であった、動物には理性がないから利用してもかまわないという哲学的ないし宗教的な考え方を、ベンサムは動物に苦しむ能力があると認めることで覆したのである。

動物の解放と動物の権利

一八世紀はフランスの啓蒙主義の思想家たちが活躍した時期でもある。ジャン＝ジャック・ルソーやヴォルテールたちが、人間の社会は自然状態の延長であり、人間も自然に帰るべきであるという考えを提唱した。産業革命以降、ヨーロッパ文明の中心となってきた技術主義への批判から生まれた自然主義である。

特にルソーはその著書『人間不平等起原論』のなかで、動物への対応について、現在の動物の権利の概念に通じる見解を述べている。「人間の魂の最初のもっとも単純なはたらきについて省察してみると、私はそこに理性に先だつ二つの原理が認められるように思う。その一つはわれわれの安寧と自己保存とについて、熱心な関心をわれわれにもたせるものであり、もう一つはあらゆる感性的存在、主としてわれわれの同胞が滅び、または苦しむのを見ることに、自然な嫌悪を起させるもの」で、ここから自然法のすべての規則が生まれるとした。

さらに、「知識も自由ももたない動物たちが、この法則を認識できないことは明白」であるが、「動物もその授かっている感性によって、ある程度われわれの自然にかかわりがあるのだから、彼らもまた自然法に加わるはずであり、そして人間は彼らに対してなんらかの種類の義務を負うている、と判断されるだろう」と彼は考えたのである。そして、社会で抑圧されている女性、被差別民、農民に権利を与えるのと同様に、動物にも何らかの権利を与え、さらに野蛮でない人道的な態度で接するべきであると主張した。

この考えの基本は憐憫の情であって、動物に無意味な苦痛を与えたり苦しんでいるのを平然と見るのは人間らしくないというものである。ルソーは動物を理性的な存在かどうかという観点ではなく、感性をもつものととらえ、この特質は人間と共通であり、それゆえ人間から無用に虐待されない権利を与えるべきであると主張した。ここで、「自然権」という形で、動物の権利の概念が生まれてきたと言える。

ルソーが唱えた「動物の権利」の考え方の系譜として、一九七〇年代に「動物の解放」という主張が登場した。これは、米国プリンストン大学生命倫理学教授（現在）であるピーター・シンガーが唱えた考え方である。

シンガーは英国オックスフォード大学の学生時代に動物の問題に目覚め、現状の動物に対する扱い方は倫理的に正当化できないという結論に達し、自らベジタリアンになって動物の問題を研究し始めた。そして、一九七五年、彼自身が動物解放運動の宣言であると称した『動物の解放』を出版した。これは、動物への憐れみから動物を保護しようとするこれまでの感傷主義的な考え方に反発して、感情や情緒の要素をできるだけ排した普遍主義的・理性主義的な議論を展開したもので、動物解放運動におけるバイブル的存在になった。

シンガーの考えを著書『動物の権利』から簡単に紹介しよう。

「一九世紀の動物虐待反対運動は、人間の重要な利益を脅かさない限りにおいて、動物が保護に値するという前提の上に、組み立てられていたのである。動物は依然として明らかに「人間より下等な生きもの」であり、人間の利害と衝突する際には、動物の利益は犠牲にされねばならなかったのである」。「新しい動物解放運動の重要性は、それがまさにこのような前提に挑戦しているという点にある」

現状における動物の利用は、人も動物の一員でありながら人間とそれ以外の動物をはっきり区別しており、そこには生物種としての不連続性が存在する、と彼は指摘する。そして、これは種の差別主義であって人種差別や男女差別と同じであり、「動物も人と同様に生きる権利があり、人によって利用されるために存在するものではない」と主張した。

しかし、同時に「この考えはすべての生命が同等の価値を持っているとか、人間の利益と動物の利益が同等の価値を持つという主張ではない。動物と人間が同様の利益を持っている場合、たとえば肉体的な苦痛を避けることに対しては、人間も動物も共通の利益を持っており、したがってその利益は平等に考慮されるべきであって、人間でないからという理由だけで自動的に利益を軽視してはいけない」と述べている。

シンガーは、動物も痛みや苦しみを感じる生きものであり、それらの苦痛、特に科学的な実験や家畜としての残酷な扱いから動物も守られるべきである、という考え方を主張したのである。これは、前述のように一八世紀にベンサムが唱えた原理、「道徳的権利を賦与するにあたって考慮すべき唯一の能力は苦しみを感じる能力である」という立場に基づいている。

もうひとり、米国ノースカロライナ州立大学哲学教授のトム・レーガンの主張も同じ系譜にある。彼はベンサムの道徳原理（「動物には苦しみを感じる能力がある」こと）を認めた上で、さらに一歩踏み込んで「動物の権利論」を展開した。すべての動物はそれぞれ固有の価値をもった存在であり、生きている主体としての権利を認めるべきである、というものである。動物は生存に対する道徳的権利をもっており、生命の主体である生きものが、客体や物体《マテリアル》として扱われることはその権利の侵害である、と彼は主張した。そして、科学における動物の利用の全面的廃止、商業的畜産の全面的解体、商業およびスポーツとしての狩猟、ならびにワナ猟の全面撤廃を提唱している。

ピーター・シンガーやトム・レーガンの動物権利論に対して批判的な意見もある。カナダのクィーンズ大学の哲学教授マイケル・フォックスは、一九七八年、医師と哲学者という二つの立場から痛烈な批判を行っている。彼の主張は次のようなものである。

「シンガーとレーガンが動物を人道的に扱わなければならない理由として、動物の苦しむ能力を取り上げていることは確かに正しい。しかし、このことがどうして動物に権利を与えることになるのかは明らかでない」。フォックスは、権利という重大な問題の本質についてシンガーやレーガンが何も語っていないことを指摘し、動物に権利があると主張することは意味がないと批判している。

そして、種の差別についての議論にも言及している。シンガーは「動物よりは植物を食べる方が生じる悪は少ない」という見解に対して、「もしも植物に苦しむ能力があるということが証明されれば、人間は苦しみを与えるよりはむしろ餓死する道徳的義務がある」という批判を受けていた。それに対しシンガーが「結果として生じる悪が少ない方を選ばなければならない。おそらく植物の方が動物よりも苦しむことが少ないというのは依然として真実だろうから、動物を食べるよりは植物を食べる方がよいということになるだろう」と回答していることを取り上げ、結局、人間は動物にたいしても道徳的優越性を持つということになる、と指摘している。

フォックスは「人間は結局のところ、人間以外のあらゆる自然に対して道徳的優位に立つことになるだろう」と主張している。さらに「動物実験に対するシンガーの反論の根拠は、すべて巧妙に選び出された一面的な記述、部分的な情報、そして完全に誤った情報である」と批判している。

一九八〇年代に入ると、新たな哲学的議論は影を潜め、動物の権利の立場からの動物実験反対運動が盛んになってきた。これに対して、人道的な動物実験を進める立場では、前述のように国際指針の策定をはじめとして、動物福祉を守るための条件が整備されてきた。議論の時代から実践の時代へと移ってきたと言えるだろう。

異種移植と動物福祉

動物に対する考え方や利用をめぐって、西欧の宗教的、哲学的背景、歴史的変遷をおおまかにたどってきた。また、これらの経緯を踏まえて、実験動物に関する国際的な倫理規定が設けられていることについても述べた。では動物福祉の観点から見た場合、異種移植にはどんな問題があり、どのように考えるべきだろうか。

英国では前述のように、異種移植の倫理に関してナフィールド生命倫理評議会および政府のケネディ委員会という二つの議論の場があり、動物福祉の観点でほぼ同様の結論を出している。その要点は次の通りである。

動物も痛みを感じるという立場から、道徳的な観点では人の苦痛と動物の苦痛を区別する論理的理由はないという考え方がある。その意見をふまえた上で、動物を移植の臓器提供用に利用することの倫理的妥当性は、動物に与えられる苦痛が人類への恩恵という点から正当化されるかどうかで判断すべきである。

チンパンジーやヒヒは高等動物で人と親近性を有する。自己認識や知的能力の面でもほかの動物よりすぐれており、感じる苦痛の程度も高い。したがって、これらの動物を移植臓器提供用に用いることは、苦痛から免れるという権利の点から大きな問題となる。チンパンジーはワシントン条約で絶滅危惧種に指定されている動物であり、ヒヒも利用しうる数はきわめて限られる。仮にヒヒをドナーとして使用したとしても、それは非常に限られた人への恩恵になるにすぎない。さらに、ヒヒで成功すれば、つぎにはチンパンジーを利用しようという動きにつながる可能性もある。以上の理由から、もし移植用に豚を使用することが倫理的に受け入れられるのであれば、サルを移植臓器の提供用に用いることは倫理的に受け入れられない。報告書はこのように結論している。

一方、現在、人への臨床試験の基礎実験として、ヒヒやカニクイザルに豚の臓器を移植する研究が行われている。この場合には、サルでなければ得られないデータが期待でき、人間への恩恵がサルへの苦痛を正当化できるとみなされる。ゆえに、最小限の数の使用に限ることを条件として、基礎実験でのサルの使用は倫理的に受け入れられる、としている。

すなわちこの報告書では、サルを臓器提供動物として用いることは受け入れられないが、豚の臓器のレシピエントとして実験に用いることは、条件つきで受け入れられると判断されている。

豚については以下のようにまとめられている。彼らは疑いなく知的でかつ社会性のある動物であるが、サルほど人間との共通の性質をもっているという証拠はない。ゆえに、人に期待される恩恵がもたらされるのであれば、豚を犠牲にしても倫理的に容認できるように思われる、とされている。豚を食糧や衣服などのために飼育することが受け入れられている社会で、異種移植のような人命を救うための医療に豚を使用することが受け入れられないということは考えにくい。豚が苦痛から逃れる権利と、人が移植で受ける恩恵のバランスを考えると、人への恩恵が上回るとみなされる。したがって、豚を異種移植に使用することは倫理的に受け入れられると結論している。

また、臓器や組織を採取する時は適切な麻酔のもとに行い、豚は直ちに殺処分すべきであって、同じ動物から異なる臓器や組織をくり返し採ることがもし可能ではあっても、これは倫理的に受け入れられないと結論している。それは二度目以降の採取までの間、豚に苦痛を強い続けることになるためである。ただし、検査のための採血や組織の採取は例外としている。

これらが、英国の二つの報告書に共通する、異種移植に関する動物福祉の観点からの議論の結論である。

ところで、異種移植以外にも、家畜を利用した動物バイオテクノロジーの領域でも動物福祉について検討する必要がある。動物バイオテクノロジーは近年めざましい進展を遂げてきている分野であり、実は異種移植もその最前線の産物と言える。動物バイオテクノロジーにおける動物福祉にも簡単にふれておこう。

人類は有史以来、動物を人間の利用に適した形質の家畜とするために、育種という手段を用いてきた。利用目的に応じて家畜を意図的に改良あるいは作出して、食用や労働力などの需要を満たすだけではなく、医薬品をはじめとする多くの製品にも家畜を利用してきた。

ところが一九八〇年代に入って、育種技術の分野に遺伝子工学が取り入れられ、動物に遺伝子を導入することが可能になった。すなわち、家畜の遺伝子レベルでの人為的改変である。交配というそれまでの伝統的な育種方法では考えられない、まったく新しい遺伝形質をもった動物を作り出すことができるようになったのである。

また、マウスのような実験動物から家畜までのさまざまな動物で、体外授精、核移植、受精卵凍結といった胚を操作する技術が進歩し、生殖工学や発生工学と呼ばれる新しい領域が生まれてきた。これらの技術があいまって、動物バイオテクノロジーの分野は急速に進展してきている。

こうした動きに伴って、これまでの動物実験にはなかった新しい問題が生じた。動物バイオテクノロジーにおける動物福祉の基本原則は動物実験の場合と同じではあるが、家畜の遺伝子の人為的改変という過去になかった事態への対応が必要になってきたのである。これを受けて、欧米では一九九〇年代半ばから、動物バイオテクノロジーに関する倫理問題の検討が行われるようになった。そのなかでもっとも総合的な検討が行われたものとしては、英国政府の報告書「家畜繁殖の新技術における倫理的問題検討委員会報告」がある。

この報告書では、新しい繁殖方法と動物福祉、家畜の遺伝的改変が環境に及ぼすリスク、家畜の遺伝的多様性への影響、家畜に関する特許といった問題点が取り上げられている。

異種移植はこうした動物バイオテクノロジーによって人為的に改変された豚の臓器を人の身体に利用する。家畜の利用形態としてもまったく新しい局面がもたらされようとしているのである。

日本における動物福祉の現状

欧米を中心に歴史的経緯から現状までを紹介してきたが、次に日本の動物福祉に目を転じてみよう。日本における動物に関する法的な背景としては、一九七四年（昭和四九年）に「動物の保護及び管理に関する法律」が施行された。これは英国などから、日本におけるイヌ、ネコなどの虐待の風習について文明国ではないという批判を受け、外圧により急速に立法化されたものであった。実験動物に限らず、日本人が所有ないし占有しているすべての動物の保護を義務づけたものである。この法律では、「動物自身のための保護」という概念は明確でなく、むしろ「人間のための動物の保護」を唱えている感が強い。一九九九年（平成一一年）には「動物の愛護及び管理に関する法律」に改正された。内容は、「家族の一員」としてのペット、特にイヌ、ネコの保護を念頭に置いたものになっている。青木人志・一橋大学教授は、法律の名称の「保護」をわざわざ「愛護」に変えた点に注目し、この文言の改正の実質的な根拠が不明であるとして、もしも、動物を「愛する」ことまで命じているとしたら、憲法上補償された良心の自由との関係で問題があると指摘している。ちなみに上記の法律の英訳に「愛護」に相当する語はなく、「Act on Welfare and Management of Animals（動物の福祉および管理に関する法律）」となっている。

内容を見ると、基本原則で動物の保護を義務づけると同時に、適正な飼養について、そして保管の項では人が動物から受ける危害防止について述べられている。すなわち、この法律では、動物は保護されるべきものであると同時に、人も動物から保護されうるものとして扱われているわけで、欧米人の目には奇妙で矛盾に満ちた法律と映っている。

続いて、この法律の円滑な実施のために、実験動物、展示動物（動物園の動物）、愛玩動物の飼育と管理に関する基準が作成された。実験動物については一九八〇年に「実験動物の飼養及び保管等に関する基準」が総理府から告示された。この基準は当時の日本人にはかなり厳しい内容と受け止められたが、欧米人の評価では〝ザル法〟に近いとみなされている。

なお、この基準は「実験動物」に関する原則に限られており、実際に「動物実験」をどう進めるかという具体的な面は不十分であるとして、同じ一九八〇年に日本学術会議が内閣総理大臣にあてて

「動物実験ガイドライン」の策定を勧告した。しかし、この勧告は長い間無視されていた。

　一方、医学分野の国際的な学術誌の場合、動物実験の際の動物福祉への配慮の有無が投稿論文の審査基準のひとつになっている。こうした学術誌に日本から研究論文を投稿した際に、所属先の研究機関の動物福祉に関する審査委員会の審査を経ていないという理由で、論文の掲載が拒否される例が見られるようになった。それに加えて、八〇年代半ばに欧米を中心に盛んになってきた動物実験反対運動が日本にも輸入された。

　いわばこれらの外圧に押される形で、文部省は一九八三年に先の学術会議の勧告に基づく動物実験指針の作成に着手することになった。当時、東大医科学研究所の実験動物研究施設長をつとめていた私もこれに参加した。しかし当初の予定は変更になり、文部省では「大学等における動物実験について」で原則だけを決めて、具体的な指針は各大学や研究機関の実状に応じて作成するようにとの通達が八七年に文部省の学術国際局長名で出された。

　これを受けた各大学の対応はまちまちであった。動物実験を行っているのは医学部だけではない。農学部の獣医・畜産学科では、マウスやラットのような医学研究用の実験動物だけでなく、牛、豚、羊、鶏のような家畜も扱っている。東大では全学を対象とした共通の指針を作るのは困難であるとして、各学部ないし研究所でそれぞれ指針を作成することになった。医学研究における動物福祉の問題に直接かかわっていた医学部や、私の所属する医科学研究所はただちに動物実験指針を作成した。農学部の指針ができあがったのは、それよりだいぶ後のことである。

一方、大学全体を対象とした指針を作成したところもあり、そのひとつが東北大学であった。学内での意見調整に時間がかかったが、一九八八年には大学として一本化した指針ができあがった。

これらの動きと並行して、日本実験動物学会は、医学研究における動物実験の専門家集団として「動物実験の指針」を八七年に作成した。文部省が指針の原則だけを作成したので、それに基づいた指針の雛形を作成したわけである。

この学会の指針が見本となって、九〇年までに医学研究分野ではほとんどの大学や研究所に動物実験指針ができてきた。結局、欧米人からザル法とみなされている法律のもとに、学会の自主規制によるシステムがなんとなくできあがってきたと言える。しかし、これは後で述べるように医学研究分野に限られていて、動物バイオテクノロジー分野での家畜を用いた実験に関しては、自主規制がどのように行われているのか不明である。

一九八八年から一九九〇年にかけて行われた、文部省科学研究費による「諸外国における動物実験の法規制に関する調査研究」(研究代表者・前島一淑)の報告書は、次のように状況をまとめている。「法規制の型が国により異なるが、ヨーロッパおよび北米二カ国(米国とカナダ)での動物実験に関する基本姿勢は共通していて、3R(動物実験の置換、動物使用数の削減、および動物の苦痛軽減)の推進であり、医療や科学目的のための動物実験を否定している国はなく、いずれの国でも実験動物が被る苦痛を可能な限り減らすことを法によって動物実験関係者に求めている。一方、オーストラリアを除くアジア型の法規制には3Rの精神は希薄で、日本を含むアジア諸国等の法規では総論的に実験動物の保護を謳っているが、苦痛軽減に関する具体的かつ詳細な規定に乏しい」

そして「わが国の動物実験に係わる法規制をアジア型のそれに止めて置くことはできない」という見解を述べたうえで、「わが国の実験動物の福祉の将来は、できるだけ多くの国民の幅広い論議を経たうえで合意されるべきものである」との見解が述べられている。しかし、現在に至るまで、この報告書に応えるような動きは聞いていない。

なお、動物実験の法規制の可否をめぐって、雑誌「世界」で二度にわたり賛否両面からの議論が掲載されたことがあった（一九九七年一〇月号および一九九八年一月号）。

当時、日本では二〇年間にわたり二兆円を投入して脳科学の研究が推進されることになっていた。脳科学の研究では動物実験が重要な研究手段になる。「世界」には、この研究の動物実験について、まず動物福祉の観点から批判的な立場に立つ作家の河野修一郎の議論が掲載され、その後脳科学研究のリーダーである伊藤正男の反論が掲載された。

河野はまずずさんな動物実験の例をいくつか挙げ、多くの動物実験で得られた成果は学問の進展のためではなく、学位論文や地位獲得を目的としたものであり、日本も諸外国なみの法規制が必要であると述べている。これに対して伊藤は、研究の進展は多くの研究の積み重ねで得られるものであること、法規制は日本にはなじまず、学会の自主規制で対応しうると反論し、最後に動物慰霊祭で動物に感謝している研究者について強調している。しかし、なぜ「なじまない」のか、その理由は述べられていない。

このふたりの議論では、国際的な共通指針となってきている動物福祉についての論理的枠組みや倫理的基盤は明瞭にされておらず、心情的な発言が先行しているように受けとめられる。そして現在も、同じ状況であると考えられる。

二〇〇五年になって、「動物の愛護及び管理に関する法律」に動物実験の項がやっと追加された。しかし、その内容は3Rの原則をそのまま述べているだけである。そして、二〇〇六年に文部科学省から「研究機関等における動物実験等の実施に関する基本指針」が示された。これは約二〇年前の局長通達が大臣告示に格上げされたにすぎない。

もっとも、動物福祉における論理的枠組みは、これまで述べてきたように西欧で生まれたものであり、しかもそれはキリスト教を中心とした長い動物虐待の歴史に対する反省から生まれたものである。日本には西欧のような動物虐待に関する宗教的基盤や思想はなかった。動物実験そのものは明治になって輸入されたものであって、西欧文明と同様に容易に受け入れられたが、動物福祉の考えが自発的に育つ土壌や背景は存在していなかった。その結果として、日本での議論が心情的なものに傾くのは当然かもしれない。

生命学を提唱している森岡正博は、日本では仏教や儒教の輸入に代表されるように、倫理体系の輸入を古くから繰り返しているが、そこに含まれている規範や理法の道理を普遍的なものとして受け止めず、情で受け止めるという道理の風化の歴史になっている、と指摘している。動物福祉も同様に、日本的変容の対象になっているのであろうか。

日本の動物バイオテクノロジーと家畜福祉

動物福祉に関する日本での現状を述べてきた。しかし、ここまでの話はほとんどが医学研究における動物実験に関するもので、主に、マウス、ラット、モルモットといった小型の実験動物と、そのほかにはイヌなどを対象としたものであった。

一方、異種移植を含む動物バイオテクノロジーの領域では、豚をはじめとする牛や山羊などの家畜に遺伝子改変を行い、医薬品の製造、肉質改善、病気への抵抗性の付与などが行われている。分野としては農学系の獣医学・畜産学に深くかかわっているが、「動物実験の指針」を作成した日本実験動物学会はこの分野にはほとんど関与していない。家畜を実験動物として用いる場合、家畜福祉の問題を抜きにしては成り立たないのだが、その議論は日本では今のところ皆無と言ってよい。

現実には、日本はすでにクローン牛を数多く誕生させているが、この分野に関係している日本畜産学会や日本獣医学会で、家畜福祉の問題を正式に取り上げた話は聞いていない。獣医学・畜産学分野を統括し、また動物バイオテクノロジーを積極的に推進している農林水産省でも家畜福祉に取り組んだことはない。

一九九八年、インド滞在中にたまたま見た英国系の新聞に、日本でのクローン牛が大きく取り上げられていた。「台所でのクローニング」というタイトルのもと、すぐれた品質の食肉が得られる黒毛和種が近く実用化になりうるだろうという記事である。そのなかで「日本では安全性と家畜福祉についての議論はほとんど行われないまま、研究が進展している」と述べられていた。四半世紀後の現在も状況は変わっていない。二〇二一年の東京オリンピックに対しては、家畜福祉の観点から、肉や卵などの食材調達基準が国際基準よりも低レベルであるとの抗議があった。このような批判がきっかけになったのかどうかはわからないが、二〇二二年一月に農林水産省はやっと「アニマルウェルフェアに関する意見交換会」の第一回会合を開いた。

抽象的な説明だけではわかりにくいかもしれないので、クローン家畜に関する具体的な問題の一例を紹介しよう。

ドリーを作った英国ロスリン研究所のイアン・ウィルマットが、クローン技術応用の展望についてまとめた総説がある。そのなかで彼は難病モデルの羊の作出の例を挙げている。

これは、先天性の嚢胞性《のうほうせい》線維症という人間の病気をもつ羊を意図的に作り、開発中の治療薬の効果を調べようとするものである。マウスではこの病気のモデルがすでに存在するが、最終目的である人への応用面から見ると、サイズが違い、寿命も短すぎる。できるだけ大型で寿命の長い動物でないと、臨床に反映できるような成績は期待できない。そこで羊を用いて難病モデルとするわけである。

一方、羊の「生命の質《クオリティ・オブ・ライフ》」から見た時、この行為はどうみなされるのかという大きな問題が存在する。苦痛の持続する難病の羊を人為的に作り出すことが、はたして人道的に許されるのか。当然、動物福祉についての大きな議論が起こるであろうと彼は述べている。

ウィルマットがここで考えている難病モデルは、病気の原因となる遺伝子を導入した羊である。このような疾患モデル動物はすでにマウスで多くの種類が作られ、最先端の研究成果として高い評価を受けている。すなわち、マウスでは一応容認されていると言ってよい。だが、羊のように一〇年から一五年と寿命の長い家畜では、この問題がどのような議論へと向かうのか予測できない。

たびたび述べてきたように、生命科学の研究では国際的枠組みのなかでの対応が必要とされている。異種移植をはじめとする動物バイオテクノロジーの領域では、動物福祉に配慮することが国際的な倫理規定となっている。国による対応が不十分な場合には輸出入が問題となるおそれもある。

公平な貿易を目的とした「関税に関する貿易及び一般協定（ＧＡＴＴ）」では、「人、動物又は植物の生命又は健康の保護のために必要な措置」をとることを例外規定として認めている。経済協力開発機構（ＯＥＣＤ）の異種移植に関する作業部会（一九八八年）でも、この条項は国際社会における動物福祉への配慮を求めているものであり、その配慮が乏しい相手国には、自国で生産した動物よりも厳しい制約を与えてもよいという解釈を述べている。

異種移植の臨床試験が進むようになれば、ドナー動物の輸入や輸出といった事態も起きてくる。その際、日本の動物福祉に関する現在の規制の枠組みが、国際社会で問題となるであろうことは十分に予想される。

動物慰霊碑

動物福祉の問題を欧米の人々と議論する際には、動物福祉への姿勢として日本独自の動物慰霊祭が必ずと言ってよいほど取り上げられる。

東京大学医科学研究所（医科研）では、家畜群霊塔と書かれた石碑の前で毎年、動物慰霊祭が行われている（図20）。この石碑は一九一四年六月一三日に医科研の前身である伝染病研究所（伝研）所長の北里柴三郎が建立したもので、碑文は増上寺の七七代大僧正・堀尾貫務が書いたものである。伝研の最初の建物は増上寺御成門のそばに建てられたので、その時以来、増上寺との付き合いがあったものと推測される。この年の一〇月に、伝研は北里が知らされないまま内務省から文部省へ抜き打ち移管されたため、北里はこの移管に反対して辞職し、一一月五日に北里研究所を設立した。したがってこの石碑は北里の辞職直前に建立されたことになる。日本で動物実験を最初に行ったのは北里なので、この石碑は日本で最初の動物慰霊碑とみなされる。当時の伝研では南京ネズミ、モルモット、ラットなどの実験動物が用いられていたが、この石碑は家畜を対象としたもので、一九二一年の動物慰霊祭の写真を見ると、家畜群霊祭となっている。ジフテリアや破傷風などの免疫血清製造のために馬を、痘苗（天然痘ワクチン）製造のために牛を多数用いており、これらが主要業務であったためと推測される。なお、南京ネズミの改良種はパンダマウスという名前でペットショップで売られている。実験用マウスはほとんどが海外で開発されており、南京ネズミはおそらく唯一の国産実験用マウスである。

図 20　家畜群霊塔（医科研、筆者撮影）

一九二二年には釜山の朝鮮総督府獣疫血清製造所に動物慰霊碑が建立された。現在は韓国国立獣医科学検疫院の釜山支院となっていて、動物慰霊碑だけが当時のまま残っている。その石碑の碑文は「一殺多生・南無阿弥陀仏・秋の風」となっている。ここは当時もっとも重要な家畜伝染病であった牛疫の対策のために設立された施設だったので、多数の牛を救うために犠牲になった牛の慰霊を意味する碑文と考えられる。この言葉は、由来は明らかではないが、軍国主義のもとで一殺を正当化するために当時しばしば用いられていたことから、中国大陸に侵攻が始まっていた時代を反映したものと思われる。

家畜の慰霊に始まった動物慰霊碑は日本独自の動物福祉の象徴的存在になっている。一九六〇年代、カナダのグエルフ大学では日本にならって石碑の前で実験動物のためのメモリアルサービスが行われていた。しかし、このサービスを始めた教授が退職したのちは行われていない。

エピローグ　三八年後

緊急手術で行われた豚の心臓移植

二〇二二年一月七日、人の腹腔内へ豚の心臓が移植された。ベビー・フェイの手術から三八年後、ついに心臓の異種移植が、動物実験から人間での試験という新しい局面に入ったのである。

豚の心臓移植を受けた患者は、メリーランド大学医療センターに入院していた五七歳の男性、デイヴィッド・ベネットである。彼は、致命的な不整脈で六週間以上入院していて、人工呼吸器（体外式膜型人工肺、エクモ）につながれていた。

メリーランド大学の心肺移植プログラムのリーダー、バートリー・グリフィスは、二〇二一年一二月末、食品医薬品局（FDA）に、ベネットが末期の心臓病であり、心臓移植も人工心臓も不適格と判断されていることからほかに選択肢がないとして、人道的使用による緊急手術を要請した。新年早々に、この要請は承認された。

この大学の異種心臓移植プログラムは、二〇一七年、ムハマド・モヒュディン外科教授とグリフィスによって始められていた。彼らは二〇一六年に、遺伝子改変した豚の心臓をヒヒの腹腔に移植する実験を行っていた。この心臓は三年後に、免疫抑制のために注射していた抗CD40の使用を止めるまで、正常に機能した。

ベネットへの豚心臓移植では、病院の倫理委員会で審査が行われ、彼の精神状態が評価されたのち、インフォームド・コンセントの手続きが行われた。これらは、異種移植というまったく新しい手術を行うための最低限の条件だった。手術の前日、ベネットは「この手術が暗闇で銃を撃つようなものであることは知っているが、これが私の最後の選択だ」と語った。

FDAは一九九九年の文書で、異種移植用の豚の心臓の条件として、動物実験で六〇日間の生着期間が九〇%以上であること、九〇日間の生着期間が五〇%以上であることを求めていた。レビビコール社の遺伝子改変豚の心臓は、二〇一五年の報告によれば、ヒヒの腹腔内へ移植が行われた後九四五日にわたり生着し続けており、この条件をクリアしていた。

倫理面で起きた新たな議論

この豚の心臓の移植では、倫理面での意見が多くマスメディアで報道された。ほとんどは、予想された通り、医学上のリスクに関するものであった。

一方、思いがけない事実が報道された。レシピエントのデイヴィッド・ベネットには前科があったのである。「ワシントン・ポスト」紙は「セカンド・チャンスの倫理」という表題で、豚の心臓移植を受けたベネットが三四年前に嫉妬から友人を七回も刺して、一〇年の刑の判決を受けて六年間服役したという過去の暴力の経歴を詳しく紹介した。被害者は、この際に受けた傷害により一九年間にわたり車椅子の生活を送ったのち、心臓麻痺で死亡していた。

この報道に対して、ベネットの息子は父親の過去のことについて議論するつもりはないと述べて、父親が実験的な治療に協力したことにより医学に貢献したことを強調していた。しかし、被害者の姉は、「このような画期的な手術を受けるのは、それにふさわしい人物が望ましかった」と語っていた。

この被害者の姉の発言がレシピエントの選定をめぐる新たな議論を巻きおこした。

しかし、オックスフォード大学医療倫理学教授のドミニク・ウィルキンソンによれば、これは倫理面での新しい問題ではないという。全米臓器分配ネットワークのガイダンスでは、囚人であることを理由に移植の対象からはずすべきではないと述べている。医療における基本的な倫理原則として、医師は罪人と聖人を区別する資格を持っていないという訳である。

移植された豚の心臓はブタサイトメガロウイルスに感染していた

手術後、ベネットは人工心肺装置につながれ、新しい免疫抑制剤も用いて治療が行われた。グリフィス医師によれば、ベネットの容態は人の心臓を移植した場合と変わりなく、安定していたという。

しかし、約四〇日後、彼の病状は悪化しはじめ、三月八日に死亡した。移植から約二カ月後であった。

四月二〇日、アメリカ移植学会のオンラインセミナーで、移植された豚の心臓がブタサイトメガロウイルス（PCMV：porcine cytomegalovirus）*に感染していたことがグリフィス医師から発表された。患者の症状は、移植の際の拒絶反応とは異なっていて、おそらくPCMV感染により移植された心臓が機能停止したものと推測された。

人のサイトメガロウイルス感染では、抗ウイルス剤のガンシクロビルが効果的だが、PCMVには効かない。ベネットの症状が悪化した際には、エイズ治療などに用いられる抗ウイルス剤のシドフォビルやヒト免疫グロブリンが投与され、一時、軽快したように見えたが、ふたたび症状が悪化して死亡した。

ドイツ、ロベルト・コッホ研究所のヨアヒム・デンナーは、豚の心臓をヒヒに移植した実験でのPCMVの影響を調べた結果、長期間（一八二日と一九五日）生着した心臓はPCMV陰性で、短期間（五〇日と九〇日）生着した心臓はPCMVに感染していたことから、PCMVに感染した場合、心臓の生着期間が短くなることを見出していた。そして、ベネットの場合にも同じことが起きた可能性があると指摘している。

PCMVは、多くの豚に潜伏感染している。人には感染しないとされているが、ヒト細胞に感染したという報告もある。今回の場合には、PCMVが豚の心臓で増殖して、心臓の機能不全をもたらしたと推測されている。しかし、「末期の症状の患者であり、PCMVだけが死亡の原因かどうかは分からない」とデンナーは語っている。

厳重にウイルスの有無が調べられている豚で、なぜＰＣＭＶは見落とされたのだろうか。ＰＣＭＶは、母親から子に垂直感染することもあるが、ほとんどの場合、離乳後に感染している。そのため、早期離乳もしくは帝王切開をすることで感染を防げる。高感度のＰＣＲ検査なら検出できるが、ウイルスは冬眠状態で潜伏しているため、血液や鼻粘膜の検査では見逃されるおそれがある。今回の豚の場合にどのような検査システムだったのかは不明である。

ＰＣＭＶフリーの豚の心臓であれば、もっと長期間生存できた可能性があると考えられる。ベビー・フェイの手術から三八年後の今回の手術により、異種移植は実現に向けて大きく踏み出したと言えよう。

一九九八年、「ネイチャー」誌は異種移植における感染の危険性を強調して表紙にまで取り上げていた（一〇七頁）。それから四半世紀経った、二〇二二年三月、「ネイチャー・メディシン」誌は論説で、豚の腎臓や心臓の人への移植で画期的な成果が得られたことから、異種移植は臨床試験で有効性と安全性を確かめて、臓器の需要に応える現実的な医療へと進む段階に到達した、と主張している。

さらに、七月六日付けの「ネイチャー」ニュースは、異種移植の臨床試験に関する米国食品医薬品局の諮問委員会での検討の結果、適切に選択された患者について、小規模の、焦点を合わせた臨床試

＊　ＰＣＭＶはサイトメガロウイルス属ではなく、ヒトヘルペスウイルス６型（ＨＨＶ６）などが含まれるロゼオロウイルス属とみなされることから、ブタロゼオロウイルスの名前が提唱されている。

験の開始が間近に迫っていると伝えている。

本書で見たとおり、異種移植の歴史は、大きな進展と、それにより明らかになった問題による停滞とを繰り返してきた。超急性拒絶反応とPERVという、二つの大きな問題は解決されつつあるが、異種移植が医療として受け入れられるようになるには、臨床試験を通じて残された問題の解決に取り組まなければならない。より多くの人びとが、この技術について理解を深める時が来ていると言えよう。

あとがき

私が異種移植に関わり始めたのは、ちょうど三〇年前、厚生省の日米霊長類研究班での一九九二年度の会議に端を発している。その年度における研究班の検討課題の一つとして、班員のひとりである国立予防衛生研究所霊長類センター長の本庄重男博士から米国での異種移植の現状調査が提案され、その役割を私が引き受けることになった。このころはヒヒをドナーとした異種移植が注目されていた時期であった。

その後、一九九四年に来日したイムトラン社のデイヴィッド・ホワイト博士の講演を聴いて、豚をドナーとした異種移植の進展状況をはじめて理解し、特に感染のリスクに関わる問題に関心を寄せるようになった。

たまたま、一九九六年暮れに結成されたノバルティス社の異種移植の安全諮問委員会のメンバーになったことから、臨床試験に向けての安全性の具体的議論に加わることになり、異種移植は私にとってきわめて身近な課題となった。

そのころ、私は河出書房新社からの依頼で『エマージングウイルスの世紀』を執筆していた最中で、そのなかで異種移植によるウイルス感染を今後の重要な課題として紹介した。これが同社の編集者・小池三子男氏の注目することとなり、同氏から異種移植をテーマとした本の執筆を勧められた。幸い、安全諮問委員会で知り合ったデイヴィッド・クーパー博士には全面的に協力していただけた。こうして、生まれたのが本書の元となった『異種移植』である。

当時は、ヒトの補体制御タンパク質DAF遺伝子を導入した豚が開発されたところだった。二一世紀に入って、体細胞核移植によるノックアウト豚の作出、ゲノム編集によるブタ内在性レトロウイルスの破壊といった技術革新が急速に進んだ。二〇二二年一月には、ついに、遺伝子改変豚の心臓が末期の心臓病患者に移植された。緊急手術であったが、人での試験のスタートである。

この手術のニュースがきっかけになって、異種移植に以前から関心を抱いておられたみすず書房の市田朝子さんから、絶版になっていた『異種移植』の改定版の出版を勧められた。それまで、ホームページ「生命科学の雑記帳」で異種移植研究の新しい展開を紹介してはいたが、改定版はまったく考えていなかった。前の年の暮れ、卒寿の節目に自伝『ウイルスと私』を上梓して、それが最後の著作と考えていたところだったのである。

この提案を受けて、あらためて旧著を読み返した結果、二一世紀に入ってからの異種移植研究のめざましい進展を紹介する意欲が沸いてきた。二〇年前に『異種移植』を執筆した時と異なり、インターネットでほとんどの情報が入手できる時代になっていたため、パソコンだけを頼りに、巣ごもり生活のなかでなんとか改定版を書き終えることができて、嬉しく思っている。

本書の執筆では、小林孝彰・愛知医科大学教授（八七頁）から、最新の情報を教えていただいた。編集者の市田朝子さんとは、『ウイルスの意味論』以来のお付き合いを通じて、気心が知れている。今回も数多くの有益なアドバイスをいただいて、本書を読みやすくまとめることができた。お二人にあらためて御礼申し上げる。

二〇二二年七月

山内一也

索 引

カ

タ

ナ

ハ

参考文献

プロローグ　ベビー・フェイの二〇日間

Bailey, L.L., Jan, J., Johnson, W. & Jolley, W.B.: Orthotopic cardiac xenografting in the newborn goat. *Journal of Thoracic and Cardiovascular Surgery*, 89, 242–247, 1985.

Bailey, L.L., Li, Z.-J., Roost, H., & Jolley, W.: Host maturation after orthotopic cardiac transplantation during neonatal life. *Heart Transplantation*, 3, 265–267, 1984.

Bailey, L.L., Nehlsen-Cannarella, S.L., Concepcion, W. & Jolley, W.B.: Baboon-to-human cardiac xenotransplantation in a neonate. *Journal of American Medical Association*, 254, 3321–3329, 1985.

Loma Linda University: *Scope*, January–March, 1985.

Loma Linda University Relations Office: *Observer,* Loma Linda University, 1984.

第 1 章　同種移植の歴史

Brent, L. (Editor): *A History of Transplantation Immunology*. Academic Press, 1996.

Cooper, D.K.C.: Heart transplantation at the University of Cape Town. an overview. In: Cooper, D.K.C., Lanza, R.P. (Editors). *Heart transplantation. the present status of orthotopic and heterotopic heart transplantation*. Lancaster: MTP Press, 351–360, 1984.

Hardy, J.D., Kurrus, F.D., Chavez, C.M., Neely, W.A., Eraslan, S., Turner, M.D., Fabian, L.W. & Labecki, T.D.: Heart transplantation in man. Developmental studies and report of a case. *Journal of American Medical Association*, 188, 1132–1140, 1964.

Mitchison, N.A., Greep, J.M. & Hattinga Verschure, J.C.M. (Editors): *Organ Transplantation Today. Symposium held on the occasion of the official opening of the Sint Lucas Ziekenhuis by H.R.H. the Prince of the Netherlands, Amsterdam, 6–8 June 1968*. Excerpta Medica Foundation, 1969.

Silverstein, A.M.: *A History of Immunology*. Academic Press, 1989.

Ullmann, E.: Experimentelle Nierentransplantation. *Wiener Klinische Wochenschrift*, 15, 281–282, 1902.

Ullmann, E.: Tissue and organ transplantation. *Annals of Surgery*, 60, 195–219, 1914.

Unger, E.: Nierentransplantationen. *Berliner Klinische Wochenschrift*, 47, 573–578, 1910.

秋山暢夫『臓器移植をどう考えるか —— 移植医が語る本音と現状』講談社, 1991 年.

太田和夫：山内半作のこと.「Trends & Topics in Transplantation」, 2, 16, 1991 年.

草野巧『幻想動物事典』新紀元社, 1997 年.

クーパー, デイヴィッド／ランザ, ロバート『異種移植とは何か —— 動物の臓器が人を救う』山内一也訳, 岩波書店, 2001 年.

コムロウ, ジュリアス・H, Jr.『続　医学を変えた発見の物語』諏訪邦夫訳, 中外医学社, 1987 年.

スターツル, トーマス『ゼロからの出発 —— わが臓器移植の軌跡』加賀乙彦監修, 小泉摩耶訳, 講談社, 1992 年.

ゼクストン, クリストファー『バーネット —— 近代免疫学の創始者　メルボルンの生んだ天才』ラムゼイ, モコミ／ラムゼイ, マーティン／丸田浩訳, 学会出版センター, 1995 年.

チェリー, ジョン編著『幻想の国に棲む動物たち』別宮貞徳訳, 東洋書林, 1997 年.

「第 14 回国際移植学会」「JAMA」(日本語版), 1992 年 11 月号, 14–15.

塚田貞夫編著『有茎植皮術』克誠堂出版, 1988 年.

トールワルド, ユルゲン『近代外科を開拓した人びと』塩月正雄訳, 東京メディカル・センター出版部, 1969 年.

ヌーランド, シャーウィン・B『医学をきずいた人びと —— 名医の伝記と近代医学の歴史』上・下, 曽田能宗訳, 河出書房新社, 1991 年.

森岡恭彦『近代外科の父・パレ —— 日本の外科のルーツを探る』日本放送出版協会, 1990 年.

第 2 章　異種移植の歴史

Auchincloss, H., Jr.: Xenogeneic transplantation. A review. *Transplantation*, 46, 1–20, 1988.

Cooper, D.K.C., Kemp, E., Platt, J.L. & White, D.J.G. (Editors): *Xenotransplantation. The Transplantation of Organs and Tissues Between Species, Second edition*. Springer Verlag, 1997.

Cooper, D.K.C. et al.: A brief history of clinical xenotransplantation. *International Journal of Surgery*, 23, 205–210, 2015.

Council on Scientific Affairs: Xenografts. Review of the Literature and Current Status. *Journal of American Medical Association*, 254, 3353–3357, 1985.

Czaplicki, J., Blońska, B. & Religa, Z.: The lack of hyperacute xenogeneic heart transplant rejection in a human. *Journal of Heart and Lung Transplantation*, 11, 393–397, 1992.

Fricker, J.: Baboon xenotransplant fails but patient improves. *Lancet*, 347, 457, 1996.

Fridman, E.P., Nadler, R.D.: *Medical Primatology. History, Biological Foundations and Applications.* Taylor & Francis, Inc., 2002.

Hitchcock, C.R., Kiser, J.C., Telander, R.L. & Seljeskog, E.L.: Baboon renal grafts. *Journal of American Medical Association*, 189, 934–937, 1964.

Ota, K.: Strategies for increasing transplantation in Asia and prospects of organ sharing: the Japanese experience. *Transplantation Proceedings*, 30, 3650–3652, 1998.

Lanza, R.P., Cooper, D.K.C. & Chick, W.L.: Xenotransplantation. *Scientific American*, 278, 40–45, 1997.

Makowka, L., Wu, G.D., Hoffman, A., Podesta, L., Sher, L., Tuso, P.J., Breda, M., Chapman, F.A., Cosenza, C., Yasunaga, C. & Cramer, D.V.: Immunohistopathologic lesions associated with the rejection of a pig-to-human liver xenograft. *Transplantation Proceedings*, 26, 1074–1075, 1994.

Nowak, R.: Xenotransplants set to resume, *Science*, 266, 1148–1151, 1994.

Nowak, R.: FDA puts the brakes on xenotransplants. *Science*, 268, 630–631, 1995.

Nuffield Council on Bioethics: *Animal-to-Human Transplants. The Ethics of Xenotransplantation.* 1996.

Pennisi, E.: FDA panel OKs baboon marrow transplants. *Science*, 269, 293–294, 1995.

Platt, J.L.: *Hyperacute Xenograft Rejection*. Springer Verlag, 1995.

Reemtsma, K.: Heterotransplantation. *Transplantation Proceedings*, 1, 251–255, 1969.

Reemtsma, K., McCracken, B.H., Schlegel, J.U. & Pearl, M.: Heterotransplantation of the kidney. Two clinical experiences. *Science*, 143, 700–702, 1964.

Reemtsma, K, McCracken, B.H., Schlegel, J.U., Pearl, M.A., De Witt, C.W. & Creech, O., Jr.: Reversal of early graft rejection after renal heterotransplantation in man. *Journal of American Medical Association*, 187, 691–696, 1964.

Starzl, T.E., Tzakis, A., Fung, J.J., Todo, S., Demetris, A.J., Manez, R., Mariono, I.R., Valdivia, L. & Murase, N.: Prospects of clinical xenotransplantation. *Transplantation Proceedings*, 26, 1082–1088, 1994.

Taniguchi, S. & Cooper, D.K.C.: Clinical xenotransplantation. past, present and future. *Annals of the Royal College of Surgeons of England*, 79, 13–19, 1997.

Williams, P.: Baboon liver transplant raises hopes-and complex questions. *ASM News*, 58, 470–471, 1992.

第3章　臓器不足とその解決策

Flescher, A.M.: *The Organ Shortage Crisis in America. Incentives, Civic Duty, and Closing the Gap.* Georgetown University Press, 2018.

Lewis, A. et al.: Organ donation in the US and Europe. The supply vs. demand imbalance. *Transplantation Reviews*. 35, 100585, 2021.

Macchiarini, P. et al.: First human transplantation of bioengineered airway tissue. *Journal of Thoracic and Cardiovascular Surgery*, 128, 638–641, 2004.

OECD: OECD Policy considerations on international issues in transplantation biotechnology including the uses of non-human cells, tissues and organs, 1998.

Ota, K.: Strategies for increasing transplantation in Asia and prospects of organ sharing. the Japanese experience. *Transplantation Proceedings*, 30, 3650–3652, 1998.

門田守人：臓器移植改正法の施行後の状況と課題.「医の倫理の基礎知識　2018 年版」. https://www.med.or.jp/dl-med/doctor/member/kiso/g13.pdf

山尾智美：臓器不足問題の理解とその対策に伴う倫理的問題. フランスの事例から.「医療・生命と倫理・社会」, 9, 1–23, 2010 年.

第4章　ドナーとしての豚

Pond, W.G. & Houpt, K.A.: *The Biology of the Pig*. Cornell University Press, 1978.

Pringle, H.: Reading the signs of ancient animal domestication. *Science*, 282, 1448, 1998.

Ryan, E.A.: Pancreas transplants: for whom? *Lancet*, 351, 1072–1073, 1998.

Thompson, L.: Fetal transplants show promise. *Science*, 257, 868–870, 1992.

Tumbleson, M.E. & Schook, L.B. (Editors): *Advances in Swine in Biomedical Research. Volume 1.* Plenum Press, 1996.

赤池洋二：各国の SPF 豚概況.「SPF Swine」, 1, 47–51, 1970 年.

鋳方貞亮『改訂　日本古代家畜史』有明書房, 1982 年.

扇元敬司ほか編『新畜産ハンドブック』講談社, 1995 年.

熊谷哲夫／波岡茂郎／丹羽太左右衛門／笹原二郎編『豚病学』近代出版, 1977 年.

芝田清吾『日本古代家畜史の研究』学術書出版会, 1969 年.

田先威和夫監修『新編　畜産大辞典』養賢堂, 1996 年.

水戸廸郎『沈黙の臓器と語る』NHK ブックス, 1995 年.

第5章　超急性拒絶反応

Cooper, D.K.C. et al.: Identification of alpha-galactosyl and other carbohydrate epitopes that are bound by human anti-pig antibodies. relevance to discordant xenografting in man. *Transplant Immunology*, 1, 198–205, 1993.

Cozzi, E. & White, D.J.G.: The generation of transgenic pigs as potential organ donors for humans. *Nature Medicine*, 1, 964–966, 1995.

Dalmasso, A.P. et al.: Reaction of complement with endothelial cells in a model of xenotransplantation. *Clinical and Experimental Immunology*, 86 suppl 1, 31–35, 1991.

Department of Health & Human Services, USA: Developing U.S. Public Health Service Policy in Xenotransplantation, Presentations. January 21–22, 1998.

Fishman, J.A.: Miniature swine as organ donors for man. Strategies for prevention of xenotransplant-associated infections. *Xenotransplantation*, 1, 47–57, 1994.

Galili, U.: Anti-gal antibody prevents xenotransplantation. *Sci. Med.*, 5, 28–37, 1998.

Langford, G.A., Yannoutsos, N., Cozzi, E., Lancaster, R., Elsome, K., Chen, P., Richards, A. & White, D.J.G.: Production of pigs transgenic for human decay accelerating factor. *Transplantation Proceedings*, 26, 1400–1401, 1994.

McCurry, K.R., Kooyman, D.L., Alvarado, C.G., Cotterell, A.H., Martin, M.J., Logan, J.S. & Platt, J.L.: Human complement regulatory Proteins protect swine-to-primate cardiac xenografts from humoral injury. *Nature Medicine*, 1, 423–427, 1995.

OECD: Draft OECD Policy considerations on international issues in transplantation biotechnology including the uses of non-human cells, tissues and organs. 1998.

Platt, J.: *Hyperacute Xenograft Rejection*. Springer Verlag, 1995.

Platt, J.L.: New directions for organ transplantation. *Nature*, 392, 11–17, 1998.

Sachs, D.H.: The Pig as a potential xenograft donor. *Veterinary Immunology and Immunopathology*, 43, 185–191, 1994.

Tucker, A.W.: In vitro studies of transgenic pigs as potential organ donors in xenotransplantation. Dissertation, University of Cambridge, 1997.

Wall, R.J.: Transgenic livestock. Progress and prospects for the future. *Theriogenology*, 45, 57–68, 1996.

World Health Organization: Report of WHO Consultation on Xenotransplantation. October 28–30, 1997.

雨宮浩：異種拒絶とその分子機構.『移植免疫の最前線』磯部光章編, 羊土社, 1994年.

佐藤英明：異種臓器移植ドナーとしての遺伝子ノックアウトブタの開発.「遺伝子医学」, 2, 210–216, 1998年.

クーパー, デイヴィッド／ランザ, ロバート『異種移植とは何か —— 動物の臓器が人を救う』山内一也訳, 岩波書店, 2001 年.

第6章　感染症リスク

Allan, J.S.: Xenograft transplantation of the infectious disease conundrum. *ILAR Journal*, 37, 37–48, 1995.

Allan, J. & Michaels, M.G.: Xenotransplantation: Concerns aired over potential new infections. *ASM News*, 61, 442–443, 1995.

Allan, J.S., Broussard, S.R., Michaels, M.G., Starzl, T.E., Leighton, K.L., Whitehead, E.M., Comuzzie, A.G., Lanford, R.E., Leland, M.M., Switzer, W.M. & Heneine, W.: Amplification of simian retroviral sequences from human recipients of baboon liver transplants. *AIDS Research and Human Retroviruses*, 14, 821–824, 1998.

Blixenkrone-Møller, M., Bernard, A., Bencsik, A., Sixt, N., Diamond, L.E., Logan, J.S. & Wild, T.F.: Role of CD46 in measles virus infection in CD46 transgenic mice. *Virology*, 249, 238–248, 1998.

Butler, D.: Last chance to stop and think on risks of xenotransplants. *Nature*, 391, 320–324, 1998.

Chant, K., Chan, R., Smith, M., Dwyer, D.E., Kirkland, P. & NSW Expert Group: Probable human infection with a newly described virus in the family paramyxoviridae. *Emerging Infectious Diseases*, 4, 273–275, 1998.

Heneine, W., Switzer, W.M., Sandstrom, P., Brown, J., Vedapuri, S., Schable, C.A., Khan, A.S., Lerche, N.W., Schweizer, M., Neumann-Haeffelin, D., Chapman, L. & Folks, T.M.: Identification of a human population infected with simian foamy viruses. *Nature Medicine*, 4, 403–407, 1998.

Heneine, W., Tibell, A., Switzer, W.M., Sandstrom, P., Rosales, G.V., Mathews, A, Korsgren, O., Chapman, L.E., Folks, T.M. & Groth, C.G.: No evidence of infection with porcine endogenous retrovirus in recipients of porcine islet-cell xenografts. *Lancet*, 352, 695–697, 1998.

Kalter, S.S. & Heberling, R.L.: Xenotransplantation and infectious diesease. *ILAR Journal*, 37, 31–37, 1995.

Meng, X.-J., Halbur, P.G., Shapiro, M.S., Govindarajan, S., Bruna, J.D., Mushahwar, I.K., Purcell, R.H. & Emerson, S.U.: Genetic and experimental evidence for cross-species infection by swine hepatitis E virus. *Journal of Virology*, 72, 9714–9721, 1998.

Michaels, M.G. & Simmons, R.L.: Xenotransplant-associated zoonoses. strategies for prevention. *Transplantation*, 57, 1–7, 1994.

Michler, R.E.: Xenotransplantation. risks, clinical potential, and future prospects. *Emerging*

Infectious Diseases, 2, 64–70, 1996.

Morozov, V.A. et al.: No PERV transmission during a clinical trial of pig islet cell transplantation. *Virus Research*, 227, 34–40, 2017.

Mrkic, B., Pavlovic, J., Rülicke, T., Volpe, P., Buchholz, C.J., Hourcade, D., Atkinson, J.P., Aguzzi, A. & Cattaneo, R.: Measles virus spread and pathogenesis in genetically modified mice. *Journal of Virology*, 72, 7420–7427, 1998.

Nowak, R.: Xenotransplants set to resume. *Science*, 266, 1148–1151, 1994.

Paradis, K, Langford, G., Long, Z., Hencine, W., Sandstrom, P., Switzer, W.M., Chapman, L.E., Lockey, C., Onions, D., The XEN 111 Study Group & Otto, E.: Search for cross-species transmission of porcine endogenous retrovirus in patients treated with living pig tissue. *Science*, 285, 1236–1241, 1999.

Patience, C., Patton, G.S., Takeuchi, Y., Weiss, R.A., McClure, M.O., Rydberg, L. & Breimer, M.E.: No evidence of pig DNA or retroviral infection in patients with short-term extracorporeal connection to pig kidneys. *Lancet*, 352, 699–701, 1998.

Patience, C., Takeuchi, Y. & Weiss, R.A.: Infection of human cells by an endogenous retrovirus of pigs. *Nature Medicine*, 3, 282–286, 1997.

Suzuka, I., Sekiguchi, K. & Kodama, M.: Some characteristics of a porcine retrovirus from a cell line derived from swine malignant lymphomas. *FEBS Letters*, 183, 124–128, 1985.

Takeuchi, Y., Liong, S.-H., Bieniasz, P.D., Jäger, U., Porter, C.D., Friedmann, T., McClure, M.O. & Weiss.: R.A.: Sensitization of rhabdo-, lenti-, and spumaviruses to human serum by galactosyl (alpha-1-3) galactosylation. *Journal of Virology*, 71, 6174–6178, 1997.

Takeuchi, Y., Porter, C.D., Strahan, K.M., Preece, A.F., Gustafsson, K., Cosset, F.-L., Weiss, R.A. & Collins, M.K.L.: Sensitization of cells and retroviruses to human serum by (alpha 1-3) galactosyltransferase. *Nature*, 379, 85–88, 1996.

Thorley, B.R., Milland, J., Christiansen, D., Lanteri, M.B., McInnes, B., Moeller, I., Rivailler, P., Horvat, B., Rabourdin-Combe, C., Gerlier, D., McKenzie, I.F.C. & Loveland, B.E.E.: Transgenic expression of a CD46 (membrane cofactor protein) minigene. studies of xenotransplantation and measles virus infection. *European Journal of Immunology*, 27, 726–734, 1997.

Todaro, G.J., Benveniste, R.E., Lieber, M.M. & Sherr, C.J.: Characterization of a type C virus released from the porcine cell line PK (15). *Virology*, 58, 65–74, 1974.

Weiss, R.A.: Transgenic pigs and virus adaptation, *Nature*, 391, 327–328, 1998.

Yamamoto, T. et al.: Old World monkeys are less than ideal transplantation models for testing pig organs lacking three carbohydrate antigens (triple-Knockout). *Scientific Reports*, 10: 9971, 2020. https://doi.org/10.1038/s41598-020-66311-3

柏崎守／久保正法／小久江栄一／清水実嗣／出口栄三郎／古谷修／山本孝史編『豚病

学 —— 生理・疾病・飼養』第四版, 近代出版, 1999 年.

速水正憲：さすらうエイズウイルス. 生き残り戦略としての「多様性」と「共生」.「創造の世界」, 99, 6–26, 1996 年.

山内一也『エマージングウイルスの世紀』河出書房新社, 1997 年.

山内一也『プリオン病の謎に迫る』日本放送出版協会, 2002 年.

第 7 章　臓器移植以外の異種移植

Deacon, T., Schumacher, J., Dinsmore, J., Thomas, C., Palmer, P., Kott, S., Edge, A., Penney, D., Kassissieh, S., Dempsey, P. & Isacson, O.: Histological evidence of fetal pig neural cell survival after transplantation into a patient with Parkinson's disease. *Nature Medicine*, 3, 350–353, 1997.

Elliott, R.B. et al.: Live encapsulated porcine islets from a type 1 diabetic patient 9.5 yr after xenotransplantation. *Xenotransplantation*, 14, 157–161, 2017.

Fehilly, C.B. et al.: Interspecific chimerism between sheep and goat. *Nature*, 307, 634–636, 1984.

Fox, J.L.: Researchers consider cellular, solid-organ xenografts. *ASM News*, 61, 453–456, 1995.

Gage, F.H.: Cell therapy. *Nature*, 392, 18–24, 1998.

Groth, C.G., Korsgren, O., Tibell, A., Tollemar, J., Möller, E., Bolinder, J., Ostman, J., Reinholt, F.P., Hellerström, C. & Andersson, A.: Transplantation of porcine fetal pancreas to diabetic patients. *Lancet*, 344, 1402–1404, 1994.

Groth, C.G., Korsgren, O., Tibell, A., Reinholt, E., Wennberg, L., Satake, M., Moller, E., Rydberg, L., Samuelsson, B., Andersson, A. & Hellerström, C.: Clinical islet xenotransplantation. Transplantation of porcine islets into diabetic Patients. In: *Xenotransplantation. The Transplantation of Organs and Tissues Between Species, Second Edition.* Cooper, D.K.C., Kemp, E., Platt, J.L.& White, D.J.G. (Editors). Springer, 1997, 812–820.

Isacson, O & Breakefield, X.O.: Benefits and risks of hosting animal cells in the human brain. *Nature Medicine*, 3, 964–969, 1997.

Kim, M.K. & Hara, H.: Current status of corneal xenotransplantation. *International Journal of Surgery*. 23, 255–260, 2015.

Lysaght, M.J. & Aebischer, P.: Encapsulated cells as therapy. *Scientific American*, 280, 76–82, 1999.

Morozov, V.A. et al.: No PERV transmission during a clinical trial of pig islet cell transplantation. *Virus Research*, 227, 34–40, 2017.

Mulroy, E. et al.: A long-term follow-up of safety and clinical efficacy of NTCELL® [Immunoprotected (Alginate-encapsulated) porcine choroid plexus cells for xenotransplantation] in patients with Parkinson's disease. *Parkinsonism and Related Disorders*,

82, 128–132, 2021.

Nowak, R.: Pig transplants offer hope in diabetes. *Science*, 266, 1323, 1994.

Park, C.-G. et al.: Current status of islet xenotransplantation. *International Journal of Surgery*, 23, 261–266, 2015.

Vadori, M. et al.: Current status of neuronal cell xenotransplantation. *International Journal of Surgery*, 23, 267–272, 2015.

Walters, E.M. & Burlak C.: Xenotransplantation literature update, May/June 2020. *Xenotransplantation*, 27, e12638, 2020.

Wang, Y. et al.: Xenotransplantation in China. Present status. *Xenotransplantation*, 2019; 26: e12490.

Wu, J. et al.: Interspecies chimerism with mammalian pluripotent stem cells. *Cell*, 168, 473–486, 2017.

Wynyard, S. et al.: Microbiological safety of the first clinical pig islet xenotransplantation trial in New Zealand. *Xenotransplantation*, 21, 309–323, 2014.

Yamaguchi, T. et al.: Interspecies organogenesis generates autologous functional islets. *Nature*, 542, 191–196, 2017.

クーパー, デイヴィッド／ランザ, ロバート『異種移植とは何か —— 動物の臓器が人を救う』山内一也訳, 岩波書店, 2001 年.

阿久津英憲：動物性集合胚を用いた研究の今後の展開.「小児科診療 UP-to-Date」, 2019 年 4 月 2 日. http://medical.radionikkei.jp/uptodate/

霜田雅之：異種膵島移植.「移植」, 56, 133–140, 2021 年.

第 8 章　加速する技術

Butler, J.R. et al.: Recent advances in genome editing and creation of genetically modified pigs. *International Journal of Surgery*, 23, 217–222, 2015.

Center for Biologics Evaluation and Research, Food and Drug Administration: Source animal, product, preclinical, and clinical issues concerning the use of xenotransplantation products in humans. Guidance for industry. April 2003, Updated December 2016.

Centers for Disease Control and Prevention: US Public Health Service guideline on infectious disease issues in xenotransplantation. *Mortality Morbidity Weekly Report*, 50, 2001.

Commins, S.P. et al.: Delayed anaphylaxis, angioedema, or urticaria after consumption of red meat in patients with IgE antibodies specific for galactose-alpha-1,3-galactose. *Journal of Allergy and Clinical Immunology*. 123, 426–433, 2009.

Cooper, D.K.C. et al.: Perspectives on the optimal genetically-engineered pig in 2018 for initial clinical trials of kidney or heart xenotransplantation. *Transplantation*. 102, 1974–1982,

2018.

Dai, Y. et al.: Targeted disruption of the alpha1,3-galactosyltransferase gene in cloned pigs. *Nature Biotechnology*, 20, 251–255, 2002.

Denner, J.: Porcine endogenous retroviruses and xenotransplantation, 2021. *Viruses*. 13, 2156, 2021. https://doi.org/10.33960/v1311215

Denner, J. et al.: Impact of porcine cytomegalovirus on long-term orthotopic cardiac xenotransplant survival. *Scientific Reports*, 10, 17531, 2020.

Editorial: Pig-to-human transplants take a leap toward reality. *Nature Medicine*, 28, 423, 2022.

Ekser, B. et al.: Current status of pig liver xenotransplantation. *International Journal of Surgery*, 23, 240–246, 2015.

Hawthorne, W.J. et al.: Third WHO global consultation on regulatory requirements for xenotransplantation clinical trials, Changsha, Hunan, China, December 12–14, 2018. *Xenotransplantation*, 26:e12513, 2019.

Iwase, H. & Kobayashi, T.: Current status of pig kidney xenotransplantation. *International Journal of Surgery*, 23, 229–233, 2015.

Kotz, D.: University of Maryland School of Medicine Faculty scientists and clinicians perform historic First Successful transplant of porcine heart into adult human with end-stage heart disease. *2022 News in University of Maryland School of Medicine*, January 10, 2022.

Kubicki, N. et al.: Current status of pig lung xenotransplantation. *International Journal of Surgery*, 23, 247–254, 2015.

Lai, L. et al.: Production of alpha-1,3-galactosyltransferase knockout pigs by nuclear transfer cloning. *Science*, 295, 1089–1092, 2002.

Marks, P. & Solomon, S.: Clarifying US regulations on xenotransplantation. *Nature Biotechnology*, 39, 1500–1501, 2021.

Maxwell, Y.L.: Realistic expectations emerge after initial excitement over xenotransplant. *TCTMD*, January 21, 2022. https://www.tctmd.com/news/realistic-expectations-emerge-after-initial-excitement-over-xenotransplant.

Mohiuddin, M.M. et al.: Current status of pig heart xenotransplantation. *International Journal of Surgery*, 23, 234–239, 2015.

Montgomery, R.A. et al.: Results of two cases of pig-to-human kidney xenotransplantation. *New England Journal of Medicine*, 386, 1889–1898, 2022.

Onishi, A., Iwamoto, M., Akita, T., et al.: Pig cloning by microinjection of fetal fibroblast nuclei. *Science*, 289, 1188–1190, 2000.

Perkel, J.M.: Xenotransplantation makes a comeback. *Nature Biotechnology*, 34, 3–4, 2016.

Porrett, P.M. et al.: First clinical-grade porcine kidney xenotransplant using a human decedent model. *American Journal of Transplantation*, 22, 1037–1053, 2022.

Rabin, R.C.: Patient in groundbreaking heart transplant dies. *New York Times*, March 9, 2022.

Regalado, A.: The gene-edited pig heart given to a dying patient was infected with a pig virus. *MIT Technology Review*, May 4, 2022. https://www.technologyreview.com/2022/05/04/1051725/xenotransplant-patient-died-received-heart-infected-with-pig-virus/

Schnieke, A.E., Kind, A.J., Ritchie, W.A., Mycock, K, Scott, A.R., Ritchie, M., Wilmut, I., Colman, A. & Campbell, K.H. S.: Human factor IX transgenic sheep produced by transfer of nuclei from transfected fetal fibroblasts. *Science*, 278, 2130–2133, 1997.

Schuurman, H.-J.: Regulatory aspects of clinical xenotransplantation. *International Journal of Surgery*, 23, 312–321, 2015.

Thompson, J.: Pig kidneys transplanted to human in milestone experiment. *Scientific American*, January 20, 2022. https://www.scientificamerican.com/article/pig-kidneys-transplanted-to-human-in-milestone-experiment/

Wilmut, I., Schnieke, A.E., McWhir, J., Kind, A.J. & Campbell, K.H. S.: Viable offspring derived from fetal and adult mammalian cells. *Nature*, 385, 810–813, 1997.

Yang, L. et al.: Genome-wide inactivation of porcine endogenous retroviruses (PERVs). *Science*, 350, 1101–1104, 2015.

Zhang, S.: A Tick Bite Made Them Allergic to Meat. *The Atlantic,* April 25, 2022.

Hogan, B.『マウス胚の操作マニュアル』第 2 版, 山内一也／豊田裕／岩倉洋一郎／森庸厚／佐藤英明訳, 近代出版, 1997 年.

岩瀬勇人／原秀孝／ Cooper, D.K.C.：異種移植研究の最前線からみた世界の動向. 臨床試験に向けての進歩.「移植」, 53, 173–183, 2018 年.

厚生労働省：異種移植の実施に伴う公衆衛生上の感染症問題に関する指針. 平成 13 年.

山内一也：動物バイオテクノロジーの進展. クローン羊の技術開発の背景.「牛海綿状脳症（BSE）連続講座　人獣共通感染症」, 第 51 回. https://www.jsvetsci.jp/05_byouki/prion/pf51.html

第 9 章　医の倫理

Caplan, A. L: Ethical issues raised by research involving xenografts, *Journal of American Medical Association*, 254, 3339–3343, 1985.

CIOMS: Proposed International Guidelines for Biomedical Research Involving Human Subjects, 1992.（人を対象とする生物医学研究のための国際指針案. 田中寛／森田真奈美訳, 2002 年）

Institute of Medicine: *Xenotransplantation. Science, Ethics, and Public Policy*. National Academy Press, 1996.

Johnson, L., William, W.: The ethics of a second chance. Pig heart transplant recipient stabbed a man seven times years ago. *The Washington Post*. January 13, 2022.

Kennedy, I.,et al.: *Animal tissues into humans, a report by the Advisory Group on the Ethics of Xenotransplantation*, London. The Stationery Office, 1996.

Nuffield Council on Bioethics: *Animal-to-human transplants. the ethics of xenotransplantation.* Nuffield Council on Bioethics, 1996.

Potter, V.R.: *Global Bioethics. Building on the Leopold Legacy*, Michigan University Press, 1988 (V.R. ポッター『バイオエシックス —— 生存の科学』ダイヤモンド社, 1974 年).

Reich, W.T.: *Encyclopedia of Bioethics. Vol. 1. Revised edition.* McMillan Library Reference, 1995.

Vanderpool, H.Y.: Four neglected ethical issues in clinical trials with xenotransplantation. Presentation, Developing U.S. Public Health Policy in Xenotransplantation, January 21–22, 1998.

Wilkinson, D: Pig's heart transplant. Was David Bennett the right person to receive groundbreaking surgery? *Practical Ethics,* January 19, 2022. http://blog.practicalethics.ox.ac.uk/2022/01/cross-post-pigs-heart-transplant-was-david-bennett-the-right-person-to-receive-groundbreaking-surgery/

岡本直正／馬場一雄／古庄敏行編『医療・医学研究における倫理の諸問題』東京医学社, 1988 年.

神里彩子：ヒトと動物のキメラを作成する研究はどこまで認められるか？　再議論に向けた検討課題の提示.「生命倫理」, 21, 22–32, 2011 年.

世界医師会：ヘルシンキ宣言. 人間における生物医学的（biomedica）研究を行う医師の手引のための勧告. 砂原茂一訳,「臨床薬理」, 6, 375–377, 1975.

日本移植学会社会問題検討特別委員会編『臓器移植へのアプローチ　IV』メディカ出版, 1991 年.

ピッツバーグ大学の異種間移植. 患者に対する『説明と同意書』全文.「モダンメディシン」, 1992 年 10 月号, 52–59.

本庄重男／野口淳夫：異種移植に関わる生命倫理上の問題. 実験動物研究者の立場からの考察.「生命倫理」, 4, 30–34, 1994 年.

水野肇『インフォームド・コンセント —— 医療現場における説明と同意』中公新書, 1990 年.

第 10 章　動物福祉

Bekoff, M. (Editor): *Encyclopedia of Animal Rights and Animal Welfare.* Routledge, 1998.

Congress of the United States, Office of Technology Assessment: *Alternatives to Animal Use in Research, Testing, and Education.* U.S. Government Printing Office, 1986.

Dunlop, R.H. & Williams, D.J.: *Veterinary Medicine. An Illustrated History*. Mosby, 1996.

Fox, M.: "Animal liberation": A critique. *Ethics*, 88, 106–118, 1978.

Howard-Jones, N.: A CIOMS ethical code for animal experimentation. *WHO Chronicle*, 39, 51–56, 1985.

Health Canada: National Forum on Xenotransplantation, Clinical, Ethical and Regulatory Issues. 1997.

Institute of Laboratory Animal Resources: *Guide for the Care and Use of Laboratory Animals*. National Academy Press, 1996（実験動物資源協会編『実験動物の管理と使用に関する指針』鍵山直子訳, 野村達次監訳, ソフトサイエンス社, 1997 年）.

Karasszon, D.: *A Concise History of Veterinary Medicine*. Akademiai Kiado, 1988.

Ministry of Agriculture, Fisheries and Food, UK: *Report of the committee to consider the ethical implications of emerging technologies in the breeding of farm animals*. H.M.S.O. Publication Centre, 1995.

Ministry of Agriculture, Fisheries and Food, UK: *Report of the committee on the ethics of genetic modification and food use*. HMSO Publication Centre, 1993.

Orlans, F.B., Beauchamp, T.L., Dresser, R., Morton, D.B. & Gluck, J.P.: *The Human Use of Animals. Case Studies in Ethical Choice*. Oxford University Press, 1998.

Porter, R.: *The Greatest Benefit to Mankind. A Medical History of Humanity*. W.W. Norton & Company, 1997.

Rollin, B.E.: *The Frankenstein syndrome. Ethical and social issues in the genetic engineering of animals*. Cambridge University Press, 1995.

Wilmut, I: Cloning for medicine. *Scientific American*, 279, 30–35, 1998.

青木人志『動物の比較法文化 —— 動物保護法の日欧比較』有斐閣, 2002 年.

「EC（欧州共同体）動物実験指針」福井正信監訳, ソフトサイエンス社, 1991 年（原著：Official journal of the European Communities: *Council Directive 86/609/EEC of 24 November 1986 on the approximation of laws, regulations and administrative provisions of the Member States regarding the protection of animals used for experimental and other scientific purposes*）.

伊藤正男：動物実験の倫理. 河野修一郎氏の疑問に答える.「世界」, 1998 年 1 月号, 302–307.

エンゲルハート, H・T『バイオエシックスの基礎づけ』加藤尚武／飯田亘之監訳, 朝日出版社, 1989 年.

河野修一郎：動物実験への大いなる疑問「世界」, 1997 年 10 月号, 165–176.

国立歴史民族博物館編『動物と人間の文化誌』吉川弘文館, 1997 年.

神里彩子／武藤香織編『医学・生命科学の研究倫理ハンドブック』東京大学出版会,

2015 年.

シュレーダー, フレチェット編『環境の倫理』上, 京都生命倫理研究会訳, 晃光書房, 1993 年.

シンガー, ピーター編『動物の権利』戸田清訳, 技術と人間, 1986 年.

シンガー, ピーター「動物の生存権」『バイオエシックスの基礎 —— 欧米の「生命倫理」論』(エンゲルハート, H.T. ／ヨナス, H. ほか著, 東海大学出版会, 1988 年).

シンガー, ピーター『生と死の倫理 —— 伝統的倫理の崩壊』樫則章訳, 昭和堂, 1998 年.

田中智夫：動物福祉の概念.「ProVet」, 1997 年 5 月号, 70–73.

谷川健一『神・人間・動物 —— 伝承を生きる世界』講談社学術文庫, 1986 年.

日本実験動物学会『動物実験に関する指針・解説』ソフトサイエンス社, 1991 年.

日本実験動物学会シンポジウム：実験動物の苦痛 —— 動物実験における人道的配慮,「ラボラトリーアニマル」, 3, 12–16, 1986 年.

平石隆敏：動物への配慮 —— 個体主義的なアプローチ.「生命倫理」, 6, 75–78, 1996 年.

前島一淑：実験動物の福祉.「科学」56, 708–711, 1986 年.

前島一淑：シンポジウム　実験動物の苦痛 —— 動物実験における人道的配慮. 企画にあたって.「Experimental Animals」, 35, 555–563, 1986 年.

前島一淑／下田耕治／山口千津子：諸外国における動物実験の法規制に関する調査研究. 昭和 63 年〜平成 2 年度文部省科学研究費補助金研究報告書, 1993 年.

マッソン, ジェフリー・M ／マッカーシー, スーザン『ゾウがすすり泣くとき —— 動物たちの豊かな感情世界』小梨直訳, 河出書房新社, 1997 年.

森岡正博『生命観を問いなおす —— エコロジーから脳死まで』ちくま新書, 1994 年.

山本喜代子：人間の自然からの乖離と動物への同情.「西南学院大学児童教育学論集」, 17, 21–65, 1991 年.

ルソー『人間不平等起原論』本田喜代治／平岡昇訳, 岩波書店, 1972 年.

渡辺啓真：人間・動物・環境.「生命倫理」, 6, 79–82, 1996 年.

エピローグ　三八年後

Griffith, B.P. et al. : Genetically modified porcine-to-human cardiac xenotransplantation. *New England Journal of Medicine*, 387, 35–44, 2022.

Mohuiddin, M.M. et al. : Current status of pig heart xenotransplantation. *International Journal of Surgery*, 23, 234–239, 2015.

著者略歴

(やまのうち・かずや)

1931年，神奈川県生まれ．東京大学農学部獣医畜産学科卒業．農学博士．北里研究所所員，国立予防衛生研究所室長，東京大学医科学研究所教授，日本生物科学研究所主任研究員を経て，現在，東京大学名誉教授，日本ウイルス学会名誉会員，ベルギー・リエージュ大学名誉博士．専門はウイルス学．主な著書に『エマージングウイルスの世紀』（河出書房新社，1997）『ウイルスと人間』（岩波書店，2005）『史上最大の伝染病　牛疫　根絶までの四〇〇〇年』（岩波書店，2009）『ウイルスと地球生命』（岩波書店，2012）『近代医学の先駆者――ハンターとジェンナー』（岩波書店，2015）『はしかの脅威と驚異』（岩波書店，2017）『ウイルス・ルネッサンス』（東京化学同人，2017）『ウイルスの意味論――生命の定義を超えた存在』（みすず書房，2018）『ウイルスの世紀――なぜ繰り返し出現するのか』（みすず書房，2020）など，主な訳書にアマンダ・ケイ・マクヴェティ『牛疫――兵器化され、根絶されたウイルス』（みすず書房，2020），主な監訳書にエド・レジス『悪魔の生物学――日米英・秘密生物兵器計画の真実』（柴田京子訳，河出書房新社，2001）などがある．

山内一也

異種移植

医療は種の境界を超えられるか

2022年11月1日　第1刷発行

発行所　株式会社 みすず書房
〒113-0033 東京都文京区本郷2丁目20-7
電話 03-3814-0131(営業) 03-3815-9181(編集)
www.msz.co.jp

本文印刷所　萩原印刷
扉・表紙・カバー印刷所　リヒトプランニング
製本所　松岳社
装丁　細野綾子

Printed in Japan
ISBN 978-4-622-09528-6
[いしゅいしょく]
落丁・乱丁本はお取替えいたします